层析水波理论波流耦合模型及源码

赵彬彬　段文洋　李明杰　著

科学出版社
北京

内 容 简 介

本书阐述了层析水波理论波流耦合模型，并给出相关源码。全书共9章。第1章介绍层析水波理论和波流耦合模型的发展及研究现状，第2章介绍层析水波理论波流耦合模型的建立，第3章介绍该模型的数值求解方法，第4章介绍程序源码的设计和编写，第5~7章分别介绍规则波与均匀流、规则波与线性剪切流、规则波与非线性剪切流的耦合数值模拟，第8章介绍不规则波与背景流的耦合数值模拟，第9章介绍浅水强非线性孤立波与背景流的耦合数值模拟。

本书可供船舶与海洋工程、海岸与近海工程等学科方向的研究生及科研人员参考。

图书在版编目（CIP）数据

层析水波理论波流耦合模型及源码 / 赵彬彬，段文洋，李明杰著. —北京：科学出版社，2025.3

ISBN 978-7-03-077817-8

Ⅰ．①层⋯ Ⅱ．①赵⋯ ②段⋯ ③李⋯ Ⅲ．①波流-流体力学 Ⅳ．①O353

中国国家版本馆CIP数据核字(2023)第255738号

责任编辑：朱英彪 / 责任校对：任苗苗
责任印制：肖 兴 / 封面设计：有道文化

科学出版社 出版
北京东黄城根北街16号
邮政编码：100717
http://www.sciencep.com

北京中石油彩色印刷有限责任公司印刷
科学出版社发行 各地新华书店经销
*
2025年3月第 一 版　开本：720×1000 1/16
2025年3月第一次印刷　印张：9 1/2
字数：192 000

定价：98.00元
（如有印装质量问题，我社负责调换）

前　言

极端海洋环境对海洋各类结构物都存在极大的安全威胁，因此极端海洋环境的研究也越来越受到关注。极端海浪的生成有很多种解释，比如不规则波中不同波浪成分的相位聚集、波波非线性作用、波受地形水深变浅影响、波遭遇反向流等。实际海洋中，不仅存在波浪，也存在背景流，波流相互作用一直是国际上研究的热点。目前国际上对波浪与均匀流的耦合作用研究较多，对于波与剪切流的研究较少，考虑剪切流的研究中，很多研究是把流剖面形式取为理想的线性剪切流。目前的波浪模型和波浪理论中，很多引入了无旋假定。因此在波与均匀流耦合作用问题中，流场仍是无旋流动，很多波浪模型仍可以使用。波与线性剪切流耦合作用问题中，涡量是常数，通过对波浪模型的改进，引入常涡量，仍可以对该类问题进行数值模拟和研究分析。但是对于波浪与水平流速沿水深方向呈非线性变化的背景流耦合作用问题，涡量随时间空间不断变化，很多波浪模型则无法继续使用。

层析水波理论从欧拉方程出发，可以求解有旋流动问题，推导过程中没有引入流动无旋假定，也没有引入任何小参数假设，仅仅引入了流体质点速度沿水深方向变化的形状函数。本书采用的是多项式来逼近流体质点速度沿水深方向的变化。对于波浪本身，许多研究已经表明可以采用多项式来逼近波浪的速度场。对于背景流本身，无论水平流速沿水深方向以何种形式变化，均可以通过最小二乘法使用多项式对背景流进行逼近。波浪耦合问题中，总的速度场仍采用多项式进行近似，根据流场的复杂程度可以选择不同阶数的多项式进行逼近，可以通过开展多项式阶数的自收敛性分析得到层析水波理论波流耦合模型的收敛解。在该模型中，自由面条件在瞬时位置每时每刻准确满足，适合强非线性波流耦合问题的数值模拟和研究分析。面对海洋强国的新需求，作者整理了多年来对层析水波理论在波流耦合问题方面的研究成果，希望有更多的研究者加入该理论的研究和实践群体，推动海洋波浪理论的发展。

本书共 9 章。第 1 章为绪论，介绍层析水波理论和波流耦合模型的发展，第 2 章介绍层析水波理论波流耦合模型的建立，第 3 章介绍该模型的数值求解方法，第 4 章介绍程序源码的设计和编写，第 5~7 章分别介绍规则波与均匀流、线性剪切流、非线性剪切流的耦合数值模拟，第 8 章介绍不规则波与背景流的耦合数值模拟，第 9 章介绍浅水强非线性孤立波与背景流的耦合数值模拟。

本书关于层析水波理论波流耦合模型的研究工作得到国家自然科学基金（11972126）的资助，在此表示感谢！特别感谢美国加利福尼亚大学伯克利分校 William C. Webster 院士、美国夏威夷大学 R. Cengiz Ertekin 教授、美国 Front Energies 公司总裁 Jangwhan Kim 博士、英国邓迪大学 Masoud Hayatdavoodi 教授！

由于作者水平有限，书中难免存在不足之处，敬请读者指正！

作　者

2024 年 9 月

目 录

前言
第1章 绪论 ··· 1
  1.1 研究背景 ·· 1
  1.2 发展历程与研究现状 ·· 1
  1.3 本书主要内容 ·· 4
第2章 波流耦合模型 ··· 5
  2.1 控制方程和边界条件 ·· 5
  2.2 线性波浪理论 ·· 6
    2.2.1 规则波与均匀流相互作用的线性波浪理论 ························· 6
    2.2.2 规则波与线性剪切流相互作用的线性波浪理论 ·················· 9
    2.2.3 规则波与非线性剪切流相互作用的线性波浪理论 ··············· 10
  2.3 流函数波浪理论 ·· 11
    2.3.1 规则波与均匀流相互作用的非线性波浪理论 ····················· 11
    2.3.2 规则波与线性剪切流相互作用的非线性波浪理论 ··············· 13
  2.4 层析水波理论波流耦合模型 ·· 15
第3章 层析水波理论波流耦合模型的数值求解方法 ·························· 19
  3.1 非线性层析水波方程的数值求解方法 ······································ 19
  3.2 线性层析水波方程的数值求解方法 ··· 22
  3.3 线性/非线性层析水波方程分区数值求解方法 ···························· 25
第4章 层析水波理论波流耦合模型的程序源码 ································· 27
  4.1 波流耦合模型的程序设计 ··· 27
  4.2 读入计算控制参数子程序 ··· 29
  4.3 读入波浪参数子程序 ··· 33
  4.4 边界波面和水平速度系数求解子程序 ······································ 35
  4.5 建立文件及流场初始化子程序 ··· 40
  4.6 计算过渡系数子程序 ··· 43
  4.7 更新边界条件子程序 ··· 44
  4.8 求解空间导数子程序 ··· 46
  4.9 求解层析水波理论方程系数子程序 ··· 47

4.10　当前时间步计算结果输出子程序 ··· 56
　　4.11　数值消波子程序 ·· 59
　　4.12　其他子程序 ·· 60
第 5 章　规则波与均匀流相互作用数值模拟 ·· 62
　5.1　基于线性波流耦合模型的均匀流中规则波 ··· 62
　　5.1.1　波速分析 ·· 62
　　5.1.2　波面分析 ·· 63
　　5.1.3　速度场分析 ·· 65
　5.2　基于非线性波流耦合模型的均匀流中规则波 ·· 67
　　5.2.1　波面分析 ·· 69
　　5.2.2　速度场分析 ·· 71
第 6 章　规则波与线性剪切流相互作用数值模拟 ·· 74
　6.1　基于线性波流耦合模型的线性剪切流中规则波 ······································ 74
　　6.1.1　波速分析 ·· 74
　　6.1.2　波面分析 ·· 75
　　6.1.3　速度场分析 ·· 77
　6.2　基于非线性波流耦合模型的线性剪切流中规则波 ··································· 79
　　6.2.1　波面分析 ·· 79
　　6.2.2　速度场分析 ·· 81
第 7 章　规则波与非线性剪切流相互作用数值模拟 ··· 83
　7.1　基于线性波流耦合模型的非线性剪切流中规则波 ··································· 83
　　7.1.1　波速分析 ·· 83
　　7.1.2　波面分析 ·· 84
　　7.1.3　速度场分析 ·· 88
　7.2　基于非线性波流耦合模型的非线性剪切流中规则波 ································ 90
　　7.2.1　波面分析 ·· 90
　　7.2.2　速度场分析 ·· 93
第 8 章　不规则波与背景流相互作用数值模拟 ·· 97
　8.1　不规则波与背景流相互作用的线性波浪理论 ·· 97
　8.2　均匀流中不规则波的数值模拟 ·· 98
　　8.2.1　均匀流下线性波流耦合模型的波面分析 ···································· 99
　　8.2.2　均匀流下非线性波流耦合模型的波面分析 ································· 99
　8.3　线性剪切流中不规则波的数值模拟 ·· 100
　　8.3.1　线性剪切流下线性波流耦合模型的波面分析 ······························· 101
　　8.3.2　线性剪切流下非线性波流耦合模型的波面分析 ···························· 102

8.4 非线性剪切流中不规则波的数值模拟 ··· 103
    8.4.1 非线性剪切流下线性波流耦合模型的波面分析 ······················ 103
    8.4.2 非线性剪切流下非线性波流耦合模型的波面分析 ··················· 104

第9章 孤立波与背景流相互作用数值模拟 ··· 106
9.1 无流情况下的孤立波 ··· 107
    9.1.1 初边值条件 ··· 107
    9.1.2 时域数值模拟 ··· 108
9.2 线性剪切流中的孤立波 ··· 113
    9.2.1 初边值条件 ··· 113
    9.2.2 时域数值模拟 ··· 115
9.3 非线性剪切流中的孤立波 ··· 122
    9.3.1 初边值条件 ··· 123
    9.3.2 时域数值模拟 ··· 125
    9.3.3 不同形式背景流中孤立波的流场对比 ······································· 131

参考文献 ·· 134
附录 ··· 138

第1章 绪 论

1.1 研究背景

水波是人们常见到的波动之一，根据波长或周期频率的不同，水波可分为毛细波、重力波、长周期波以及潮波等。而海水的大规模流动也很常见，比如，潮汐现象可引起周期性的潮流，作用于广阔海面上的大气运动形成风生环流，海洋中有环流，在河口地区有较强的径流作用，在近海海域还有沿岸流。不同尺度的波与流之间都存在耦合作用，典型的形式有潮流、径流、风生环流与波浪耦合作用，孤立波与流耦合作用，周期性规则波与流耦合作用，不规则波与流耦合作用，内波与流耦合作用，波和流与结构物的耦合作用等。可见，波流耦合作用作为一种非常普遍的物理现象值得研究。

同时，研究并理解波流耦合作用对人类开发海洋资源具有重要意义。我国南海油气资源丰富，然而波流环境复杂。以流花油田群为例，它是目前南海开发产量最大的新油田群(高峰年产约420万立方米)，其中流花16-2、流花20-2及流花21-2油田群是目前中国海油开发的最深水油田群，该油田群所在海域也是中国南海环境条件最为恶劣的海域，百年一遇有义波高达13.6m，表面流速达2.5m/s，给深水平台、浮式生产储卸油装置及管缆设计带来了巨大挑战。可见，波流耦合作用是在复杂环境中开发海洋需要解决的关键问题之一。因此，波流耦合作用研究是国内外研究的热点。

要开发利用海洋，就必须认识海洋，波流耦合作用的影响是我们开发利用海洋及沿海资源、保护海洋环境所必须深入了解的，这就决定了研究波流耦合作用的重要意义和紧迫性。本书主要研究小尺度范围内波流(耦合)场，可以为海洋结构物的安全设计提供准确的波流场环境。

1.2 发展历程与研究现状

层析水波理论(赵彬彬等，2014)可以分为Green-Naghdi模型(简称GN模型)和无旋的(irrotational)Green-Naghdi模型(简称IGN模型)，这两种模型各自又可以分为有限水深和无限水深形式。该理论引入了流体质点运动速度沿垂向不同流体层之间变化的解析表达式，因此取名为层析水波理论。

本书重点介绍既可以求解无旋流动又可以求解有旋流动的层析水波理论 GN 模型。下面先介绍层析水波理论 GN 模型的发展历程。

GN 模型最先由 Green 等(1976)提出并用来分析非线性自由表面流动问题。传统的 GN 模型假设流体质点的水平速度沿水深方向(垂向)不发生变化，但是没有引入弱非线性的假设，因此可以用来分析浅水中的强非线性弱色散性波浪(该理论后来被称为第一级别 GN 模型)。

Shields 等(1988)对传统 GN 模型进行了改进，允许流体质点水平速度沿垂向呈多项式变化，但是由于推导方法存在一定的不足，导致方程非常复杂，难以用于水波问题的数值模拟和应用。Demirbilek(1992)使用该理论进行非线性水波的数值模拟，其研究只停留在流体质点水平速度沿垂向线性变化的层次(该理论后来被称为第二级别 GN 模型)。

通常情况下，上述第一级别 GN 模型和第二级别 GN 模型计算结果是不同的，当时又无法实现更高级别 GN 模型的数值模拟，那么就带来了一系列问题：更高级别如第三、第四级别 GN 模型的计算结果如何？与第二级别 GN 模型计算结果相同还是不同？每个级别 GN 模型计算结果是否都不同？哪一个级别 GN 模型的计算结果是正确的？由于无法实现第二级别以上的高级别 GN 模型数值模拟，这些问题无法解答，GN 模型也在近 20 年(从 1992 年到 2010 年)的时间里停滞不前。

赵彬彬和段文洋及其合作者(Zhao et al., 2014a, 2014b; Zhao et al., 2012; Zhao et al., 2011; Zhao et al., 2010)突破了近 20 年来 GN 模型中流体质点速度沿垂向不变或仅能线性变化的限制，对第三至第七级别的 GN 模型进行了研究和分析(实际上，根据研究问题的需要，他们也能实现第七级别以上的 GN 模型数值模拟)，大幅提高了 GN 模型的应用级别。

第三至第七级别的 GN 模型分别对应于流体质点水平速度沿垂向二次至六次多项式变化的假设，其能力和适用范围大幅提升和扩展，可以对有限水深和深水中的强非线性强色散性波浪等复杂水波问题进行模拟，突破了浅水弱色散性的限制。

另外，赵彬彬和段文洋发现对于所研究的水波问题，升高 GN 模型的级别，其计算结果总是收敛的。且当升高到一定级别后，计算结果不再随级别升高而发生变化，后续研究表明收敛的 GN 模型结果是欧拉方程的准确解。

赵彬彬等(2020a)使用 IGN 模型对众多水波问题进行了研究。然而 GN 模型与 IGN 模型不同，前者推导出发点是欧拉方程，推导过程中也没有引入流动无旋假设，因此流动有旋或无旋均可，高级别的 GN 模型不但可以对无旋流动问题进行研究，也可以对有旋流动问题进行研究。

Duan 等(2018)利用 GN 模型得到了线性剪切流中孤立波的稳态解,包括波形、波速和速度场。随后,Wang 等(2020)利用 GN 模型研究了非线性剪切流中孤立波的速度场和涡量场。Li 等(2023)利用 GN 模型对背景剪切流中的孤立波碰撞问题进行了研究。Zhao 等(2023)利用 GN 模型对波浪与各种不同形式的剪切流耦合问题进行了研究。上述研究表明了 GN 模型对波流耦合问题的数值模拟能力。

本书针对层析水波理论波流耦合模型,重点介绍其理论、算法、源码、波流耦合问题的模拟等。下面先对波流耦合问题的研究现状进行介绍,一方面读者可以更多了解波流耦合问题,另一方面是为了指出本书中用于对比和验证的其他学者的相关工作。

线性波流耦合模型理论的研究方面,Thomas(1981)给出了二维情况下,平整海底上任意垂向变化的背景流与规则波相互作用的线性解。之后的一些研究也考虑了缓慢变化海底情况下的线性解(Touboul et al., 2016; Li et al., 2019)。除线性解外,Swan 等(2000)利用摄动分析法,得到了任意背景流中小波幅规则波的二阶解。一些研究也推导出了更高阶的解(Kishida et al., 1988; Hsu et al., 2009; Chen et al., 2012)。

非线性波流耦合模型稳态解的研究方面,均匀流条件下,Chaplin(1979)利用流函数波浪理论,给出了求解规则波稳态解的方法。线性剪切流条件下,Dalrymple(1974)使用流函数公式的级数展开,研究水波的传播,给出了规则波的稳态解。其他研究也利用不同方法,求解线性剪切流中规则波的稳态解(Teles da Silva et al., 1988; Choi, 2009)。一些学者也研究了非线性剪切流中规则波稳态解的求解方法(Dalrymple et al., 1976; Dalrymple, 1977; Ko et al., 2008; Amann et al., 2017; Chen et al., 2021)。

非线性波流耦合模型时域数值模拟方面,Abbasnia 等(2018)基于混合欧拉-拉格朗日方法,使用非均匀有理 B 样条(NURBS),建立了 NURBS 数值水池,模拟了均匀流中的规则波和不规则波。Yang 等(2022)建立了一种深度积分波流耦合模型,使之可以考虑任意形式的背景流,模拟了规则波与几种非线性剪切流的相互作用。除此之外,一些学者利用边界积分法(Nwogu, 2009)、高阶谱方法(Guyenne, 2017)、深度积分法(Son et al., 2014; Yang et al., 2020)、OpenFOAM(Chen et al., 2019; Kumar et al., 2023a, 2023b)、STAR-CCM+(丁俊杰, 2019; 姚顺等, 2021a, 2021b)、波流边界层模型(吴永胜等, 2001)、COBRAS 模型(Chen et al., 2014)、SPH 方法(Yang et al., 2023)和其他计算流体动力学(computational fluid dynamics, CFD)方法(程晗怿等, 2014; Zhang et al., 2014)进行了非线性波流耦合时域数值模拟。

波流耦合模型物理实验方面，一些研究给出了规则波与均匀流(Brevik, 1980; Umeyama, 2011, 2018; Chen et al., 2012; Chen et al., 2017; 宋永波, 2017)、非均匀剪切流(Swan, 1990; Swan et al., 2001; 宋永波, 2017; Steer et al., 2020)相互作用的物理实验数据。本书后面几章中将会用到部分上述研究的结果，用于对比、验证和分析。

1.3 本书主要内容

本书内容主要分成以下四个部分。

第一部分：首先介绍了波流耦合作用研究的背景和意义，然后介绍了层析水波理论、线性波流耦合模型理论、非线性波流耦合模型稳态解、非线性波流耦合模型时域数值模拟、波流耦合模型物理实验方面的研究现状，对应本书第 1 章。

第二部分：主要介绍了层析水波理论波流耦合模型和数值算法，并详细介绍了 Fortran 程序源码，便于其他研究学者和学生进行参考，对应本书第 2~4 章。具体为：介绍了水波问题的控制方程和边界条件、线性波浪理论、流函数波浪理论、层析水波理论波流耦合模型，给出了线性与非线性层析水波理论波流耦合模型的分区耦合数值算法，给出了对应的 Fortran 程序源码，并对源码进行了解释说明。

第三部分：主要介绍了基于层析水波理论波流耦合模型的规则波与均匀流、规则波与线性剪切流、规非线性剪切流、不规则波与背景流相互作用四类问题的数值模拟结果，并展示了验证结果，对应本书第 5~8 章。具体为：首先采用线性层析水波理论波流耦合模型对线性波浪问题进行数值模拟，将模拟结果与线性波浪理论结果进行对比验证，然后采用非线性层析水波理论波流耦合模型对非线性波浪问题进行数值则波与模拟，将模拟结果与流函数波浪理论结果或其他非线性数值结果或其他实验结果进行对比验证。

第四部分：主要介绍了基于层析水波理论波流耦合模型的孤立波与线性剪切流、孤立波与非线性剪切流的数值模拟结果，并进行了讨论分析，对应本书第 9 章。具体为：首先介绍了孤立波稳态解的求解方法，然后将稳态解计算结果作为时域数值模拟的初始值，在时域内进行模拟，验证稳态解的正确性以及时域程序的正确性和稳定性，最后对背景流中的孤立波流场进行分析。

第 2 章 波流耦合模型

层析水波理论波流耦合模型的建立基于质量守恒方程和动量守恒方程,满足全非线性边界条件。模型没有引入无旋假设,适合对波与各种形式背景流的相互作用进行研究。本章将首先介绍二维条件下的控制方程和边界条件,接下来介绍规则波与均匀流、线性剪切流和非线性剪切流相互作用的线性波浪理论,然后介绍规则波与均匀流、线性剪切流的流函数波浪理论,最后推导得到层析水波理论波流耦合模型。

2.1 控制方程和边界条件

在二维条件下,假设流体无黏、不可压缩,即流体密度的物质导数 $\dfrac{\mathrm{D}\rho}{\mathrm{D}t}$ 为 0,为方便起见,本书假设密度 ρ 为常数,流动无旋或者有旋均可。将二维坐标系建立在静水面上,如图 2-1 所示,x 轴正向水平向右,z 轴正向竖直向上。后文采用同样的方式建立二维坐标系,故不再给出详细说明。$z=\eta(x,t)$ 和 $z=-h(x)$ 分别表示自由表面和海底,t 为时间。海底平整时,h 为水深。

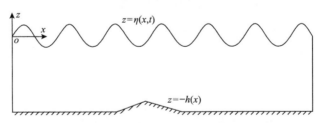

图 2-1 静水面上的二维坐标系

流场满足的控制方程为质量守恒和动量守恒方程。质量守恒方程为

$$\frac{\partial u}{\partial x}+\frac{\partial w}{\partial z}=0 \tag{2-1}$$

动量守恒方程为

$$\frac{\partial u}{\partial t}+u\frac{\partial u}{\partial x}+w\frac{\partial u}{\partial z}=-\frac{1}{\rho}\frac{\partial p}{\partial x} \tag{2-2}$$

$$\frac{\partial w}{\partial t} + u\frac{\partial w}{\partial x} + w\frac{\partial w}{\partial z} = -\frac{1}{\rho}\left(\frac{\partial p}{\partial z} + \rho g\right) \quad (2\text{-}3)$$

其中，g 为重力加速度；p 为压力；u 和 w 为考虑波流耦合作用后的总速度场。

流体运动还要满足非线性边界条件，包括自由表面运动学边界条件、自由表面动力学边界条件和底部运动学边界条件。自由表面运动学边界条件为

$$w - \frac{\partial \eta}{\partial t} - u\frac{\partial \eta}{\partial x} = 0, \quad z = \eta(x,t) \quad (2\text{-}4)$$

自由表面动力学边界条件为

$$p = 0, \quad z = \eta(x,t) \quad (2\text{-}5)$$

底部运动学边界条件为

$$w - u\frac{\partial(-h)}{\partial x} = 0, \quad z = -h(x) \quad (2\text{-}6)$$

以上控制方程和边界条件不仅可用于非线性波浪问题的研究，也适用于非线性波流耦合问题的研究。

2.2 线性波浪理论

2.2.1 规则波与均匀流相互作用的线性波浪理论

本小节介绍规则波与均匀流相互作用的线性解析解。均匀流是最简单的背景流形式，如图 2-2 所示考虑流体具有均匀流动，即背景流的速度为 $u_c(z) = U_0$，不随水深 z 改变。

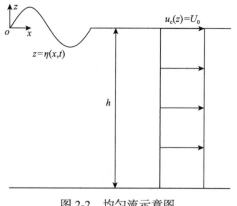

图 2-2 均匀流示意图

此时背景流的涡量为 0，纯波的涡量也为 0，因此，总波流场的涡量为 0，即波流场是无旋的。因此可引入速度势

$$u = \nabla \phi_0 \tag{2-7}$$

其中，$\phi_0(x,z,t)$ 为总的流动速度势。将其代入流场满足的控制方程(2-1)，可得总速度势 $\phi_0(x,z,t)$ 满足的控制方程为

$$\nabla^2 \phi_0 = 0 \tag{2-8}$$

将速度势(2-7)代入流场满足的自由表面运动学边界条件(2-4)，可得

$$\frac{\partial \phi_0}{\partial z} = \frac{\partial \eta}{\partial t} + \frac{\partial \eta}{\partial x}\frac{\partial \phi_0}{\partial x}, \quad z = \eta(x,t) \tag{2-9}$$

将自由表面动力学边界条件(2-5)代入伯努利(Bernoulli)方程，可得

$$\frac{\partial \phi_0}{\partial t} + \frac{1}{2}\left[\left(\frac{\partial \phi_0}{\partial x}\right)^2 + \left(\frac{\partial \phi_0}{\partial z}\right)^2\right] + g\eta = f(t), \quad z = \eta(x,t) \tag{2-10}$$

假设海底是平整的，则水深 h 为常数，将式(2-7)代入流场满足的底部运动学边界条件(2-6)，可得

$$\frac{\partial \phi_0}{\partial z} = 0, \quad z = -h \tag{2-11}$$

即在均匀流条件下，通过引入势函数 $\phi_0(x,z,t)$，将流场满足的控制方程及边界条件转化为势函数满足的控制方程及边界条件(2-8)~(2-11)。

假设本节考虑的规则波与均匀流是共线的，并且是沿 x 方向同向运动的，则总的流动速度势 ϕ_0 可表示为

$$\phi_0(x,z,t) = U_0 x + \phi(x,z,t) \tag{2-12}$$

其中，ϕ 为波浪的速度势。将式(2-12)代入总的势函数满足的控制方程及边界条件，并利用 Taylor 展开及摄动展开法进行线性化处理，可得 ϕ 满足的方程为

$$\nabla^2 \phi = 0 \tag{2-13}$$

ϕ 满足的底部运动学边界条件为

$$\frac{\partial \phi}{\partial z} = 0, \quad z = -h \tag{2-14}$$

ϕ 满足的自由表面运动学边界条件为

$$\frac{\partial \phi}{\partial z} = \frac{\partial \eta}{\partial t} + U_0 \frac{\partial \eta}{\partial x}, \quad z = 0 \tag{2-15}$$

将式(2-12)代入自由表面动力学边界条件(2-10)，引入无穷远处没有波动只有水流的条件，即波浪的速度势 ϕ 及 η 为 0，可以得到 $f(t) = \frac{1}{2} U_0^2$。进一步线性化，可得 ϕ 满足的自由表面动力学边界条件为

$$\frac{\partial \phi}{\partial t} + U_0 \frac{\partial \phi}{\partial x} + g\eta = 0, \quad z = 0 \tag{2-16}$$

将式(2-15)和式(2-16)合并整理消去 η，得到 ϕ 满足的自由表面边界条件为

$$\left(\frac{\partial}{\partial t} + U_0 \frac{\partial}{\partial x}\right)^2 \phi + g \frac{\partial \phi}{\partial z} = 0, \quad z = 0 \tag{2-17}$$

即进一步将总的势函数 $\phi_0(x,z,t)$ 满足的控制方程及边界条件(2-8)～(2-11)转化为 ϕ 满足的控制方程及边界条件(2-13)、(2-14)和(2-17)。对其求解可得 ϕ 的解为

$$\phi = \frac{ag}{\omega - kU_0} \frac{\cosh[k(z+h)]}{\cosh(kh)} \sin(kx - \omega t) \tag{2-18}$$

色散关系为

$$(\omega - kU_0)^2 = gk\tanh(kh) \tag{2-19}$$

将 ϕ 的解代入式(2-16)，可得自由表面 η 的解为

$$\eta = a\cos(kx - \omega t) \tag{2-20}$$

其中，a 为波幅。进一步，还可以计算得到流体质点运动速度的解为

$$u = \frac{\partial \phi_0}{\partial x} = U_0 + \frac{gak}{\omega - kU_0} \frac{\cosh[k(z+h)]}{\cosh kh} \cos(kx - \omega t)$$

$$w = \frac{\partial \phi_0}{\partial z} = \frac{gak}{\omega - kU_0} \frac{\sinh[k(z+h)]}{\cosh(kh)} \sin(kx - \omega t)$$

色散关系(2-19)及频率 ω 的定义 $\omega = \dfrac{2\pi}{T}$、波数 k 的定义 $k = \dfrac{2\pi}{\lambda}$，三者建立了均匀流 $u_c(z) = U_0$ 下圆频率 ω（或周期 T）与波数 k（或波长 λ）的关系。这三个公式中包含了 4 个变量 ω、T、k、λ，只要 4 个变量任意给定一个，其他 3 个变量均可求解出来。另外，通过色散关系，可以计算出线性波流理论下均匀流中规则波的波速。

2.2.2 规则波与线性剪切流相互作用的线性波浪理论

本小节介绍规则波与线性剪切流相互作用的线性解析解。线性剪切流是常见的非均匀流，如图 2-3 所示其流速沿水深线性变化，可表示为 $u_c = U_0 + \Omega z$，这里 U_0、Ω 均为常数。此时，背景流涡量 $\dfrac{\partial u_c}{\partial z}$ 的大小为一恒定常数 Ω，方向垂直于 xoz 平面，故本节研究的是有旋问题。

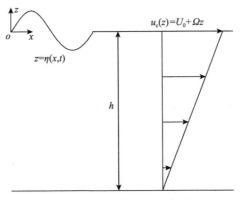

图 2-3 线性剪切流示意图

引入流场中的总流函数 $\psi_0(x,z,t)$，假设

$$u = \dfrac{\partial \psi_0}{\partial z}, \quad w = -\dfrac{\partial \psi_0}{\partial x} \tag{2-21}$$

将其代入流场满足的控制方程和边界条件(2-1)～(2-6)，将流场满足的控制方程及边界条件转化为总流函数 $\psi_0(x,z,t)$ 满足的方程组，对其求解即可。邹志利(2005)给出了详细推导，这里直接给出 $\psi_0(x,z,t)$ 的线性解析解为

$$\psi_0(x,z,t) = U_0(z+h) + \dfrac{1}{2}U_1(z^2 - h^2) - a(U_0 - c)\dfrac{\sinh[k(z+h)]}{\sinh(kh)}\cos(kx - \omega t) \tag{2-22}$$

其中，$c = \dfrac{\omega}{k}$ 为波速。

色散关系为

$$(U_0 - c)^2 = \left[g + (U_0 - c)U_1\right]\frac{\tanh(kh)}{k} \tag{2-23}$$

自由表面 η 的解为

$$\eta = a\cos(kx - \omega t) \tag{2-24}$$

进一步，还可以计算得到流体质点运动速度的解为

$$u = \frac{\partial \psi_0}{\partial z} = U_0 + U_1 z - ak(U_0 - c)\frac{\cosh[k(z+h)]}{\sinh(kh)}\cos(kx - \omega t)$$

$$w = -\frac{\partial \psi_0}{\partial x} = -ak(U_0 - c)\frac{\sinh[k(z+h)]}{\sinh(kh)}\sin(kx - \omega t)$$

式（2-23）为线性剪切流 $u_c = U_0 + U_1 z$ 下的色散关系式。在使用色散关系式时，U_0 和 $U_1 = \Omega$ 为已知值，代表预设的线性剪切流。同样是通过频率 ω 的定义 $\omega = \frac{2\pi}{T}$、波数 k 的定义 $k = \frac{2\pi}{\lambda}$ 联立来求解变量。

2.2.3 规则波与非线性剪切流相互作用的线性波浪理论

非线性剪切流是较复杂的流，其流速沿水深非线性变化，如图 2-4 所示。背景流涡量 $\frac{\partial u_c}{\partial z}$ 沿水深变化，方向垂直于 xoz 平面，故同规则波与线性剪切流的相互作用一样，本节研究的问题也是有旋的。

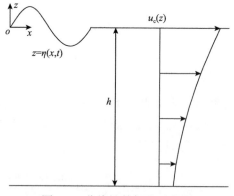

图 2-4 非线性剪切流示意图

规则波与非线性剪切流相互作用时，无法直接给出线性解析解，需要采用

数值方法进行求解。Thomas(1981)给出了规则波和非线性剪切流相互作用的线性解的数值求解方法，下面简要说明。

在线性理论下，假设规则波与非线性剪切流相互作用时波面$\eta(x,t)$的解为

$$\eta(x,t) = a\cos(kx - \omega t) \tag{2-25}$$

流体速度$u(x,z,t)$和$w(x,z,t)$可以表示为背景流速度项$u_c(z)$和波动速度项的相加：

$$\begin{aligned} u(x,z,t) &= u_c(z) + u_1(z)\cos(kx - \omega t) \\ w(x,z,t) &= w_1(z)\sin(kx - \omega t) \end{aligned} \tag{2-26}$$

其中，u_1和w_1分别为水平和垂向波动速度幅值。w_1满足的控制方程为

$$\frac{\mathrm{d}^2 w_1}{\mathrm{d}z^2} - \left(k^2 - \frac{k}{\omega - ku_c}\frac{\mathrm{d}^2 u_c}{\mathrm{d}z^2}\right)w_1 = 0 \tag{2-27}$$

w_1满足的边界条件为

$$w_1(z) = a(\omega - ku_c), \quad z = 0 \tag{2-28}$$

$$(\omega - ku_c)^2 \frac{\mathrm{d}w_1}{\mathrm{d}z} + k(\omega - ku_c)w_1 \frac{\mathrm{d}u_c}{\mathrm{d}z} - gk^2 w_1 = 0, \quad z = 0 \tag{2-29}$$

$$w_1(z) = 0, \quad z = -h \tag{2-30}$$

对垂向速度的幅值w_1满足的控制方程及边界条件(2-27)～(2-30)求解即可得到w_1，随后可根据质量守恒方程得出水平速度幅值

$$u_1(z) = \frac{1}{k}\frac{\mathrm{d}w_1}{\mathrm{d}z} \tag{2-31}$$

2.3 流函数波浪理论

2.3.1 规则波与均匀流相互作用的非线性波浪理论

波流相互作用的非线性问题较复杂，需采用数值方法进行研究(Rienecker，1981)。考虑二维周期进行波，建立动坐标系 O-XZ，坐标原点 O 建立在水底，OX 水平向右，OZ 竖直向上。动坐标系的移动速度和波速相同，因此，在该坐标系下，流动是定常的。在流体不可压缩的假设条件下，可以定义总的流函数$\psi_0(X,$

Z)使得速度分量可以表示为

$$u = \frac{\partial \psi_0}{\partial Z}, \quad w = -\frac{\partial \psi_0}{\partial X} \tag{2-32}$$

前文已说明规则波与均匀流相互作用的流动是无旋的，因此$\psi_0(X,Z)$在流体中满足拉普拉斯(Laplace)方程

$$\frac{\partial^2 \psi_0}{\partial X^2} + \frac{\partial^2 \psi_0}{\partial Z^2} = 0 \tag{2-33}$$

$\psi_0(X,Z)$满足的边界条件为

$$\psi_0(X,0) = 0 \tag{2-34}$$

$$\psi_0(X,\eta(X)) = -Q \tag{2-35}$$

其中，$Z = \eta(X)$为自由表面；Q为正常数。自由表面上压力是常数，因此 Bernolli 方程还可以写作

$$\frac{1}{2}\left[\left(\frac{\partial \psi_0}{\partial X}\right)^2 + \left(\frac{\partial \psi_0}{\partial Z}\right)^2\right] + \eta = R \quad （自由面上） \tag{2-36}$$

$$Z = \eta(X) \quad （自由面） \tag{2-37}$$

其中，R是常数。在这些方程中，所有变量已经用水深h和重力加速度g无因次化。波关于波峰是对称的，$\psi_0(X,Z)$可以写为

$$\psi_0(X,Z) = B_0 Z + \sum_{j=1}^{N} B_j \frac{\sinh(jkZ)}{\cosh(jkD)} \cos(jkX) \tag{2-38}$$

式(2-38)满足式(2-33)和式(2-34)。$B_j(j=1,2,\cdots,N)$对某种特定波来讲都是常数，N是该方法中用到的唯一近似。因此，式(2-35)和式(2-36)分别变为

$$B_0 \eta + \sum_{j=1}^{N} B_j \frac{\sinh(jk\eta)}{\cosh(jkD)} \cos(jkX) = -Q \tag{2-39}$$

$$\frac{1}{2}u^2 + \frac{1}{2}w^2 + \eta = R \tag{2-40}$$

其中

$$u = B_0 + k\sum_{j=1}^{N} jB_j \frac{\cosh(jk\eta)}{\cosh(jkD)} \cos(jkX)$$

$$w = k\sum_{j=1}^{N} jB_j \frac{\sinh(jk\eta)}{\cosh(jkD)} \sin(jkX)$$

即通过将总流函数 ψ_0 按级数(2-38)展开，进一步将 ψ_0 的求解问题(2-32)～(2-35)转化为求级数系数的问题，其满足式(2-39)和式(2-40)，利用数值方法对其求解。

在一个波长范围内，均匀取 $2N$ 个点，由于对称性，从波峰到波谷，只有 $N+1$ 个点需要考虑，在这 $N+1$ 个点处都可以建立形如式(2-39)和式(2-40)的方程，这样就形成了 $2N+2$ 个方程，有 $2N+5$ 个未知数：η_j $(j=0,1,\cdots,N)$，B_j $(j=0,1,\cdots,N)$，k，Q，R。因此，另外需要 3 个方程。由于水深无因次化后为 1，有

$$\frac{1}{2N}\left[\eta_0 + \eta_N + 2\sum_{j=1}^{N-1} \eta_j\right] - 1 = 0 \tag{2-41}$$

波浪的形状和波速一般由波高 H 和周期 T 来确定，关于这两个参数的式子有

$$\eta_0 - \eta_N - H = 0 \tag{2-42}$$

$$kcT - 2\pi = 0 \tag{2-43}$$

式(2-43)中又引入了波速 c，Rienecker 等(1981)给出下式使得方程组闭合：

$$c - c_E + B_0 = 0 \tag{2-44}$$

其中，c_E 是平均欧拉速度，即均匀流的流速，为已知量。该问题可用 Newton 迭代方法求解。

2.3.2 规则波与线性剪切流相互作用的非线性波浪理论

本小节仍选用动坐标系 $O\text{-}XZ$，坐标原点建立在静水面上，OX 水平向右，OZ 竖直向上。定义总的流函数 $\psi_0(X,Z)$ 为

$$u = \frac{\partial \psi_0}{\partial Z}, \quad w = -\frac{\partial \psi_0}{\partial X} \tag{2-45}$$

Dalrymple(1974)给出了 $\psi_0(X,Z)$ 需要满足的控制方程及边界条件。线性剪切流表达式为 $u_c = u_0 + w_0(Z+h)$，其中 u_0 为海底流速，w_0 为流速斜率。$\psi_0(X,Z)$ 最终满足的控制方程为

$$\nabla^2 \psi_0 = -\omega_0 \qquad (2\text{-}46)$$

其中，ω_0 为常数。$\psi_0(X,Z)$ 满足的底部运动学边界条件为

$$\frac{\partial \psi_0}{\partial X} = 0, \quad Z = -h \qquad (2\text{-}47)$$

$\psi_0(X,Z)$ 满足的自由表面为流线的运动学边界条件为

$$\psi_0 = C, \quad Z = \eta(X) \qquad (2\text{-}48)$$

其中，C 为常数。在自由表面上压力是常数，故由伯努利方程可得自由表面动力学边界条件为

$$\eta + \frac{1}{2g}\left[\left(\frac{\partial \psi_0}{\partial X}\right)^2 + \left(\frac{\partial \psi_0}{\partial Z}\right)^2\right] = R \quad （自由面上） \qquad (2\text{-}49)$$

$$Z = \eta(X) \quad （自由面） \qquad (2\text{-}50)$$

对流函数满足的方程和条件(2-46)~(2-50)求解即可。Dalrymple(1974)给出该方程组的假定级数解形式为

$$\psi_0(X,Z) = -\left(U_0 - \frac{\lambda}{T}\right)Z - \frac{\omega_0(h+Z)^2}{2} + \sum_{n=2}^{N'+1} X(n)\sinh\frac{2\pi(n-1)(h+Z)}{\lambda}\cos\frac{2\pi(n-1)X}{\lambda} \qquad (2\text{-}51)$$

其中，$X(n)$ 为流函数系数；N' 为流函数系数的个数；λ 为波长。

式(2-51)自然满足方程(2-46)和底部边界条件(2-47)，将式(2-51)代入边界条件(2-48)、(2-49)，可得

$$-\left(U_0 - \frac{\lambda}{T}\right)\eta - \frac{\omega_0(h+\eta)^2}{2} + \sum_{n=2}^{N'+1} X(n)\sinh\frac{2\pi(n-1)(h+\eta)}{\lambda}\cos\frac{2\pi(n-1)X}{\lambda} = C \qquad (2\text{-}52)$$

$$\eta + \frac{1}{2g}(u^2 + w^2) = R \qquad (2\text{-}53)$$

其中

$$u = -\left(U_0 - \frac{\lambda}{T}\right) - \omega_0(h+\eta) + \sum_{n=2}^{N'+1} \frac{2\pi(n-1)}{\lambda} X(n) \cosh\frac{2\pi(n-1)(h+\eta)}{\lambda} \cos\frac{2\pi(n-1)X}{\lambda}$$

$$w = \sum_{n=2}^{N'+1} \frac{2\pi(n-1)}{\lambda} X(n) \sinh\frac{2\pi(n-1)(h+\eta)}{\lambda} \sin\frac{2\pi(n-1)X}{\lambda}$$

类似于 2.3.1 节,在一个波长范围内,均匀地取 $2N'$ 个点。在波峰到波谷的 $N'+1$ 个点处建立形如式(2-52)和式(2-53)的方程,形成 $2N'+2$ 个方程,若周期 T 已知,而未知数有 $2N'+4$ 个:$\eta_j(j=0,1,\cdots,N')$,$X(n)(n=2,\cdots,N'+1)$,λ,ω_0,C,R。因此,另外需要 2 个方程:

$$\eta_0 + \eta_{N'} + 2\sum_{j=1}^{N'-1} \eta_j = 0 \tag{2-54}$$

$$\eta_0 - \eta_{N'} - H = 0 \tag{2-55}$$

以上方程构成了包含 $2N'+4$ 个方程和未知数的封闭方程组,用 Newton 迭代方法求解即可。

2.4 层析水波理论波流耦合模型

Webster 等(2011)推导出紧凑形式的层析水波方程,赵彬彬和段文洋(2014)的专著中也详细介绍了推导过程。

在层析水波理论中,对水平和垂向上的速度变化形式进行了假设,即

$$\begin{cases} u(x,z,t) = \sum_{n=0}^{K} u_n(x,t) z^n \\ w(x,z,t) = \sum_{n=0}^{K} w_n(x,t) z^n \end{cases} \tag{2-56}$$

其中,u_n 和 w_n 分别为水平和垂向速度系数;K 为模型级别。

将式(2-56)代入质量守恒方程,即式(2-1),可得

$$w_n = -\frac{1}{n}\frac{\partial u_{n-1}}{\partial x}, \quad n=1,2,\cdots,K \tag{2-57}$$

将式(2-56)代入动量守恒方程,即式(2-2)和式(2-3),具体可参照 Webster

等(2011)、赵彬彬和段文洋(2014)的推导过程，可得

$$\frac{\partial}{\partial x}(G_n + gS1_n) + nE_{n-1} - (-h)^n \frac{\partial}{\partial x}(G_0 + gS1_0) = 0, \quad n = 1, 2, \cdots, K \qquad (2\text{-}58)$$

其中

$$E_n = \sum_{m=0}^{K} \left(\frac{\partial u_m}{\partial t} S2_{mn} + \frac{\partial u_m}{\partial x} Q_{mn} + u_m H_{mn} \right) \qquad (2\text{-}59)$$

$$G_n = \sum_{m=0}^{K} \left(\frac{\partial w_m}{\partial t} S2_{mn} + \frac{\partial w_m}{\partial x} Q_{mn} + w_m H_{mn} \right) \qquad (2\text{-}60)$$

$$S1_n = \int_{-h}^{\eta} z^n \mathrm{d}z \qquad (2\text{-}61)$$

$$S2_{mn} = \int_{-h}^{\eta} z^{m+n} \mathrm{d}z \qquad (2\text{-}62)$$

$$Q_{mn} = \sum_{r=0}^{K} u_r S3_{mrn} \qquad (2\text{-}63)$$

$$H_{mn} = \sum_{r=0}^{K} w_r S4_{mrn} \qquad (2\text{-}64)$$

$$S3_{mrn} = \int_{-h}^{\eta} z^{m+r+n} \mathrm{d}z \qquad (2\text{-}65)$$

$$S4_{mrn} = m \int_{-h}^{\eta} z^{m+r+n-1} \mathrm{d}z \qquad (2\text{-}66)$$

$$u_K = 0 \qquad (2\text{-}67)$$

由于 $u_K = 0$，式(2-56)中的水平速度假设可变为

$$u(x, z, t) = \sum_{n=0}^{K-1} u_n(x, t) z^n \qquad (2\text{-}68)$$

将速度假设式(2-56)代入式(2-4)和式(2-6)，可得

$$\frac{\partial \eta}{\partial t} = \sum_{n=0}^{K} \eta^n \left(w_n - \frac{\partial \eta}{\partial x} u_n \right) \qquad (2\text{-}69)$$

$$w_0 = -\sum_{n=1}^{K}(-h)^n\left(w_n - \frac{\partial(-h)}{\partial x}u_n\right) + \frac{\partial(-h)}{\partial x}u_0 \qquad (2\text{-}70)$$

可以利用式(2-57)和式(2-70)消去垂向速度系数 w_n。方程未知数为 η 和 $u_n(n=0,1,\cdots,K-1)$，共有 $K+1$ 个未知数。求解方程(2-58)和(2-69)，共有 $K+1$ 个方程，未知数的个数与方程个数相同，方程组封闭可解。

在层析水波理论波流耦合模型中，为了方便推导，对水平和垂向速度做如下分解：

$$\begin{cases} u(x,z,t) = u_c(z) + u^*(x,z,t) = \sum_{n=0}^{K-1} u_{cn}z^n + \sum_{n=0}^{K-1} u_n^*(x,t)z^n = \sum_{n=0}^{K-1}\left(u_{cn} + u_n^*(x,t)\right)z^n \\ w(x,z,t) = w^*(x,z,t) = \sum_{n=0}^{K} w_n^*(x,t)z^n \end{cases} \qquad (2\text{-}71)$$

其中，u_{cn} 为已知的背景流速度系数，满足 $u_c = \sum_{n=0}^{K-1} u_{cn}z^n$；$u_n^*$ 和 w_n^* 分别为水平和垂向速度系数，u_n^* 满足 $u^* = \sum_{n=0}^{K-1} u_n^* z^n$。以第五级别模型($K=5$)为例，当背景流为均匀流 $u_c = U_0$ 时，$u_{c0} = U_0$，$u_{cn} = 0(n=1,2,3,4)$；当背景流为线性剪切流 $u_c = U_0 + U_1 z$ 时，$u_{c0} = U_0$，$u_{c1} = U_1$，$u_{cn} = 0(n=2,3,4)$；当背景流为二次剪切流 $u_c = U_0 + U_1 z + U_2 z^2$ 时，$u_{c0} = U_0$，$u_{c1} = U_1$，$u_{c2} = U_2$，$u_{cn} = 0(n=3,4)$。当背景流不为多项式时，利用最小二乘法拟合为多项式后，仍可用层析水波理论波流耦合模型求解。

对比式(2-68)和式(2-71)，可得

$$\begin{cases} u_n(x,t) = u_{cn} + u_n^*(x,t) & (2\text{-}72) \\ w_n(x,t) = w_n^*(x,t) & (2\text{-}73) \end{cases}$$

考虑式(2-71)~式(2-73)，对层析水波理论方程进行改写。式(2-57)可改写为

$$w_n^* = -\frac{1}{n}\frac{\partial u_{n-1}^*}{\partial x}, \quad n=1,2,\cdots,K \qquad (2\text{-}74)$$

式(2-59)、式(2-60)、式(2-63)、式(2-64)和式(2-67)可分别改写为

$$E_n = \sum_{m=0}^{K}\left(\frac{\partial u_m^*}{\partial t}S2_{mn} + \frac{\partial u_m^*}{\partial x}Q_{mn} + \left(u_{cm} + u_m^*\right)H_{mn}\right) \qquad (2\text{-}75)$$

$$G_n = \sum_{m=0}^{K} \left(\frac{\partial w_m^*}{\partial t} S2_{mn} + \frac{\partial w_m^*}{\partial x} Q_{mn} + w_m^* H_{mn} \right) \quad (2\text{-}76)$$

$$Q_{mn} = \sum_{r=0}^{K} \left(u_{cr} S3_{mrn} + u_r^* S3_{mrn} \right) \quad (2\text{-}77)$$

$$H_{mn} = \sum_{r=0}^{K} w_r^* S4_{mrn} \quad (2\text{-}78)$$

$$u_{cK} = 0 , \quad u_K^* = 0 \quad (2\text{-}79)$$

式 (2-69) 和式 (2-70) 可改写为

$$\frac{\partial \eta}{\partial t} = \sum_{n=0}^{K} \eta^n \left(w_n^* - \frac{\partial \eta}{\partial x} (u_{cn} + u_n^*) \right) \quad (2\text{-}80)$$

$$w_0^* = -\sum_{n=1}^{K} (-h)^n \left(w_n^* - \frac{\partial (-h)}{\partial x} (u_{cn} + u_n^*) \right) + \frac{\partial (-h)}{\partial x} (u_{c0} + u_0^*) \quad (2\text{-}81)$$

u_{cn} 为已知的背景流速度系数，层析水波理论波流耦合模型的未知数和方程个数仍相同，因此方程封闭可解。相关算法将在第 3 章进行介绍。

第 3 章 层析水波理论波流耦合模型的数值求解方法

第 2 章推导得出了层析水波理论波流耦合模型的方程，在利用层析水波理论波流耦合模型解决波流相互作用的问题时，需要对模型方程进行数值求解。本章给出层析水波理论波流耦合模型的数值求解方法。首先给出非线性层析水波方程的数值求解方法，然后对方程线性化，给出线性层析水波方程的数值求解算法，最后给出线性/非线性层析水波方程分区数值求解方法。

3.1 非线性层析水波方程的数值求解方法

将式(2-58)整理成以下形式：

$$\tilde{A}\dot{\xi}_{,xx} + \tilde{B}\dot{\xi}_{,x} + \tilde{C}\dot{\xi} = f \tag{3-1}$$

其中，$\xi = [u_0^*, u_1^*, \cdots, u_{K-1}^*]^\mathrm{T}$，$\dot{\xi}$ 表示对 ξ 求一阶时间导数；$\tilde{A}$、$\tilde{B}$ 和 $\tilde{C}$ 为 $K \times K$ 的矩阵；f 为一个维度为 K 的向量。下角标的逗号表示对逗号后面的变量求偏导数。$\tilde{A}$、$\tilde{B}$、$\tilde{C}$ 和 f 是关于 $\eta(x,t)$、$-h(x)$ 和 ξ 的函数。

式(2-72)给出 $u_n(x,t) = u_{cn} + u_n^*(x,t)$，其中 u_{cn} 不随时间和空间变化，即 $\dot{u}_{cn} = 0$，可得 $\dot{u}_n = \dot{u}_n^*$，因此式(3-1)中的 u_n^* 用 u_n 代替，即 $\dot{\xi} = [\dot{u}_0, \dot{u}_1, \cdots, \dot{u}_{K-1}]^\mathrm{T}$。式(3-1)可写为

$$\tilde{A}\begin{bmatrix} \dot{u}_{0,xx} \\ \dot{u}_{1,xx} \\ \vdots \\ \dot{u}_{K-1,xx} \end{bmatrix} + \tilde{B}\begin{bmatrix} \dot{u}_{0,x} \\ \dot{u}_{1,x} \\ \vdots \\ \dot{u}_{K-1,x} \end{bmatrix} + \tilde{C}\begin{bmatrix} \dot{u}_0 \\ \dot{u}_1 \\ \vdots \\ \dot{u}_{K-1} \end{bmatrix} = f \tag{3-2}$$

例如在第二级别模型 ($K = 2$) 中，式(3-2)写为

$$\begin{bmatrix} a_{11} & a_{12} \\ a_{21} & a_{22} \end{bmatrix}\begin{bmatrix} \dot{u}_{0,xx} \\ \dot{u}_{1,xx} \end{bmatrix} + \begin{bmatrix} b_{11} & b_{12} \\ b_{21} & b_{22} \end{bmatrix}\begin{bmatrix} \dot{u}_{0,x} \\ \dot{u}_{1,x} \end{bmatrix} + \begin{bmatrix} c_{11} & c_{12} \\ c_{21} & c_{22} \end{bmatrix}\begin{bmatrix} \dot{u}_0 \\ \dot{u}_1 \end{bmatrix} = \begin{bmatrix} f_1 \\ f_2 \end{bmatrix} \tag{3-3}$$

求解 $\tilde{A}$、$\tilde{B}$ 和 $\tilde{C}$ 时，式(3-1)的左侧进行全展开，提取 $\dot{\xi}_{,xx}$、$\dot{\xi}_{,x}$ 和 $\dot{\xi}$ 的系数

即 $\tilde{A}$、$\tilde{B}$ 和 $\tilde{C}$。使用数学软件 Mathematica 可以推导得到 $\tilde{A}$、$\tilde{B}$ 和 $\tilde{C}$ 的表达式，以第一级别 ($K=1$) 为例，代码如下。

1. we={b[x,t]→b,
2. $b^{(1,0)}$[x,t]→bx,
3.   h[x]→-a,
4. $h^{(1)}$[x]→-ax,
5. $h^{(2)}$[x]→-axx,
6. $u_{s\_}$[x]→u[s],
7. $u_{s\_}^{(1,0)}$[x,t]→ux[s],
8. $u_{s\_}^{(2,0)}$[x,t]→uxx[s],
9. $u_{s\_}^{(3,0)}$[x,t]→uxxx[s],};
10. K=1;
11. $\mathrm{Do}\left[w_n[x,t]=-\frac{1}{n}(\partial_x u_{n-1}[x,t]),\{n,1,K\}\right]$;
12. $u_K[x,t]=0$;
13. $\mathrm{Do}\left[w_n[x,t]=-\frac{1}{n}(\partial_x u_{n-1}[x,t]),\{n,1,K\}\right]$;
14. $w_0[x,t]=\partial_t(-h[x])-\left(\sum_{n=1}^{K}((-h[x])^n*(w_n[x,t]-(\partial_x(-h[x]))*u_n[x,t]))\right)+(\partial_x(-h[x]))*u_0[x,t]$;
15. $\mathrm{Do}\left[S1_n=\int_{-h[x]}^{b[x,t]}z^n dz,\{n,0,K\}\right]$;
16. $\mathrm{Do}\left[S2_{m,n}=\int_{-h[x]}^{b[x,t]}z^m*z^n dz,\{n,0,K\},\{m,0,K\}\right]$;
17. $\mathrm{Do}\left[S3_{m,r,n}=\int_{-h[x]}^{b[x,t]}z^m*z^r*z^n dz,\{m,0,K\},\{r,0,K\},\{n,0,K\}\right]$;
18. $\mathrm{Do}\left[S4_{m,r,n}=\int_{-h[x]}^{b[x,t]}(\partial_z z^m)*z^r*z^n dz,\{m,0,K\},\{r,0,K\},\{n,0,K\}\right]$;
19. $\mathrm{Do}\left[Q_{m,n}=\left(\sum_{r=0}^{K}(u_r[x,t]*S3_{m,r,n})\right),\{n,0,K\},\{m,0,K\}\right]$;
20. $\mathrm{Do}\left[H_{m,n}=\left(\sum_{r=0}^{K}(w_r[x,t]*S4_{m,r,n})\right),\{n,0,K\},\{m,0,K\}\right]$;

21. $\text{Do}\left[\text{EE}_n = \sum_{m=0}^{K}\left((\partial_t u_m[x,t]) * S2_{m,n} + (\partial_x u_m[x,t]) * Q_{m,n} + u_m[x,t] * H_{m,n}\right), \{n,0,K\}\right];$

22. $\text{Do}\left[G_n = \sum_{m=0}^{K}\left((\partial_t w_m[x,t]) * S2_{m,n} + (\partial_x w_m[x,t]) * Q_{m,n} + w_m[x,t] * H_{m,n}\right), \{n,0,K\}\right];$

23. $\text{Do}[\text{shi}_n = (\partial_x(G_n + g * S1_n)) + n * \text{EE}_{n-1} \cdot (-h[x])^n * (\partial_x(G_0 + g * S1_0)), \{n,1,K\}];$

24. Do[{
25.   Do[{
26.   temp=Coefficient[Expand[shi$_n$], u$_m^{(2,1)}$[x,t]];
27.   Print["a1 (",n,",",m+1,")=", (temp //.we) // Simplify//FortranForm];
28.   },{m,0,K-1}]
29.   },{n,1,K}];
30. Do[{
31.   Do[{
32.   temp=Coefficient[Expand[shi$_n$], u$_m^{(1,1)}$[x,t]];
33.   Print["b1 (",n,",",m+1,")=", (temp //.we) // Simplify//FortranForm];
34.   },{m,0,K-1}]
35.   },{n,1,K}];
36. Do[{
37.   Do[{
38.   temp=Coefficient[Expand[shi$_n$], u$_m^{(0,1)}$[x,t]];
39.   Print["c1 (",n,",",m+1,")=", (temp //.we) // Simplify//FortranForm];
40.   },{m,0,K-1}]
41.   },{n,1,K}];

推导过程中使用了式(2-57)~式(2-67)和式(2-70)。代码中的 a1、b1 和 c1 分别代表式(3-1)中的 $\tilde{A}$、$\tilde{B}$ 和 $\tilde{C}$。

运行代码后得到如下结果：

1. a1(1,1)=(a - b)**3/3.
2. b1(1,1)=(a - b)**2*(ax - bx).
3. c1(1,1)=((a - b)*(-2 + a*axx - axx*b - 2*ax*bx))/2.

a1(1,1)、b1(1,1)和 c1(1,1)即 $\tilde{A}$、$\tilde{B}$ 和 $\tilde{C}$ 的结果。a1、b1 和 c1 后的 (i,j) 表示结果为对应矩阵中的第 i 行、第 j 列的元素。因为是第一级别模型，所以 $\tilde{A}$、

$\tilde{B}$ 和 $\tilde{C}$ 矩阵中只有一个元素。

求解层析水波理论波流耦合模型时，空间上，利用五点中心差分法进行空间离散；时间上，采用四阶 Adams 预测-校正法进行时间步进。在每个时间步中，通过求解方程(3-1)可得到水平速度系数的一阶时间导数 $\dot{u}_n$ ($n = 0, 1, \cdots, K-1$)，通过式(2-69)可求解波面的一阶时间导数 $\dot{\eta}$，利用四阶 Adams 预测-校正法可得到水平速度系数 u_n ($n = 0, 1, \cdots, K-1$) 和波面 η。

3.2 线性层析水波方程的数值求解方法

式(3-1)给出的是非线性层析水波理论波流耦合模型的方程，将其线性化处理，写为

$$\tilde{A}^{(0)} \dot{\xi}^{(1)}_{,xx} + \tilde{B}^{(0)} \dot{\xi}^{(1)}_{,x} + \tilde{C}^{(0)} \dot{\xi}^{(1)} = f^{(1)} \tag{3-4}$$

上角(0)和(1)分别代表零阶和一阶项。

由式(2-72)可知 $u_n(x,t) = u_{cn} + u_n^*(x,t)$，由于 $\dot{u}_{cn} = 0$，有 $\dot{u}_n = \dot{u}_n^*$，二者至少为一阶小量。所以式(3-4)中，ξ 和其空间导数的系数取零阶项。因此，需要得到 $\tilde{A}^{(0)}$、$\tilde{B}^{(0)}$、$\tilde{C}^{(0)}$ 和 $f^{(1)}$ 的表达式用于方程(3-4)的求解。

通过式(3-1)的左侧进行全展开，只保留一阶项，提取 $\dot{\xi}^{(1)}_{,xx}$、$\dot{\xi}^{(1)}_{,x}$ 和 $\dot{\xi}^{(1)}$ 的系数即 $\tilde{A}^{(0)}$、$\tilde{B}^{(0)}$、$\tilde{C}^{(0)}$。令 $\dot{\xi}_{,xx}$、$\dot{\xi}_{,x}$ 和 $\dot{\xi}$ 均为 0，代入式(3-1)并取一阶项，可以得到 $f^{(1)}$ 的表达式。

采用类似的方法，式(2-69)中保留一阶项，可以得到 $\dot{\eta}^{(1)}$ 的表达式。

以第一级别模型为例，基于 Mathematica 软件得到 $\tilde{A}^{(0)}$、$\tilde{B}^{(0)}$、$\tilde{C}^{(0)}$ $f^{(1)}$ 和 $\dot{\eta}^{(1)}$ 的代码如下：

```
1.   h[x]=dp;
2.   we={b[x,t]→ci*b,
3.       b^(1,0)[x,t]→ci*bx,
4.       u_n_[x,t]→(ci*u[n]+uc0[n]),
5.       u_n_^(1,0)[x,t]→(ci*ux[n]),
6.       u_n_^(2,0)[x,t]→(ci*uxx[n]),
7.       u_n_^(3,0)[x,t]→(ci*uxxx[n]) };
8.   K=1;
```

9. $Do\left[w_n[x,t]=-\dfrac{\partial_x u_{n-1}[x,t]}{n},\{n,1,K\}\right];$

10. $w_0[x,t]=\partial_t(-h[x])-(\sum_{n=1}^{K}((-h[x])^n*(w_n[x,t]-(\partial_x(-h[x]))*u_n[x,t])))+(\partial_x(-h[x]))*u_0[x,t];$

11. $u_K[x,t]=0;$

12. $Do\left[S1_n=\int_{-h[x]}^{b[x,t]}z^n dz,\{n,0,K\}\right];$

13. $Do\left[S2_{m,n}=\int_{-h[x]}^{b[x,t]}z^{m+n}dz,\{n,0,K\},\{m,0,K\}\right];$

14. $Do\left[S3_{m,r,n}=\int_{-h[x]}^{b[x,t]}z^{m+r+n}dz,\{m,0,K\},\{r,0,K\},\{n,0,K\}\right];$

15. $Do\left[S4_{m,r,n}=\int_{-h[x]}^{b[x,t]}z^{r+n}*\partial_z z^m dz,\{m,0,K\},\{r,0,K\},\{n,0,K\}\right];$

16. $Do\left[Q_{m,n}=\left(\sum_{r=0}^{K}(u_r[x,t]*S3_{m,r,n})\right),\{n,0,K\},\{m,0,K\}\right];$

17. $Do\left[H_{m,n}=\left(\sum_{r=0}^{K}(w_r[x,t]*S4_{m,r,n})\right),\{n,0,K\},\{m,0,K\}\right];$

18. $Do\left[E_n=\sum_{m=0}^{K}\left((\partial_t u_m[x,t])*S2_{m,n}+(\partial_x u_m[x,t])*Q_{m,n}+u_m[x,t]*H_{m,n}\right),\{n,0,K\}\right];$

19. $Do\left[G_n=\sum_{m=0}^{K}\left((\partial_t w_m[x,t])*S2_{m,n}+(\partial_x w_m[x,t])*Q_{m,n}+w_m[x,t]*H_{m,n}\right),\{n,0,K\}\right];$

20. $Do[shi_n=(\partial_x(G_n+g*S1_n))+n*E_{n-1}-(-h[x])^n*(\partial_x(G_0+g*S1_0)),\{n,1,K\}];$

21. Do[{

22.   Do[{

23.   temp=Coefficient[Expand[shi_n], $u_m^{(2,1)}$[x,t]];

24.   temp2=Coefficient[Expand[temp//.we],ci,0];

25.   Print["a1L (",n,",",m+1,") =",temp2//FortranForm];

26.   },{m,0,K-1}]

27.   },{n,1,K}];

28. Do[{

29.   Do[{

30.   temp=Coefficient[Expand[shi_n], $u_m^{(1,1)}$ [x,t]];

31.   temp2=Coefficient[Expand[temp//.we],ci,0];

```
32.        Print["b1L (",n,",",m+1,") =",temp2//FortranForm];
33.      },{m,0,K-1}]
34.    },{n,1,K}];
35.   Do[{
36.      Do[{
37.        temp=Coefficient[Expand[shi_n], u_m^{(0,1)} [x,t]];
38.        temp2=Coefficient[Expand[temp//.we],ci,0];
39.        Print["c1L (",n,",",m+1,") =",temp2//FortranForm];
40.      },{m,0,K-1}]
41.    },{n,1,K}];
42.   Do[{
43.     temp= (Expand[-shi_m]//.{u_^{(0,1)} [x,t]→0, u_^{(1,1)} [x,t]→0, u_^{(2,1)} [x,t]→0});
44.     temp2=Coefficient[Expand[temp//.we],ci,1];
45.     Print["y1L (",m,") =",temp2//FortranForm];
46.   },{m,1,K}];
47.   bmTL=$\sum_{n=0}^{K}$(b[x,t]^n *(w_n[x,t]-($\partial_x$b[x,t]) * u_n[x,t]))
48.   temp2=Coefficient[Expand[bmTL//.we],ci,1];
49.   Print["bmTL=" temp2//FortranForm];
```

代码中的 a1L、b1L、c1L 和 y1L 分别代表式 (3-4) 中的 $\tilde{A}^{(0)}$、$\tilde{B}^{(0)}$、$\tilde{C}^{(0)}$ 和 $f^{(1)}$，bmTL 代表 $\dot{\eta}^{(1)}$。

运行代码后得到如下结果：

```
1.  a1L(1,1)=-dp**3/3.
2.  b1L(1,1)=0.
3.  c1L(1,1)=dp.
4.  y1L(1)=-(bx*dp*g) - dp*uc0(0)*ux(0) + (dp**3*uc0(0)*uxxx(0))/3.
5.  bmTL=-(bx*uc0(0)) - dp*ux(0).
```

a1L、b1L 和 c1L 分别表示 $\tilde{A}^{(0)}$、$\tilde{B}^{(0)}$ 和 $\tilde{C}^{(0)}$，其后的 (i,j) 表示矩阵中的第 i 行、第 j 列的元素。y1L 后的 (i) 表示 $f^{(1)}$ 的第 i 行元素。由于是第一级别模型，$\tilde{A}^{(0)}$、$\tilde{B}^{(0)}$、$\tilde{C}^{(0)}$、$f^{(1)}$ 中只有一个元素。

3.3 线性/非线性层析水波方程分区数值求解方法

在利用非线性层析水波理论波流耦合模型模拟波流相互作用时，应用了耦合过渡算法。在耦合过渡算法中，将计算域分为五部分，从左到右依次是线性区、过渡区、非线性区、过渡区和线性区，如图 3-1 所示。计算域的左侧入口边界采用波流相互作用的线性解。

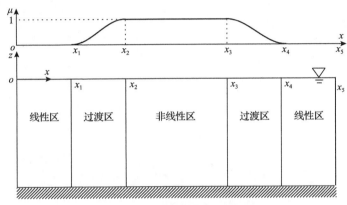

图 3-1 计算域分区示意图

在线性区求解线性层析水波理论波流耦合模型方程，在非线性区求解非线性层析水波理论波流耦合模型方程，两个区域通过过渡区连接。为了实现从线性到非线性的过渡，引入了过渡系数 $\mu(x)$。在整个计算域中，式(3-1)可写为

$$\left[(1-\mu)\tilde{A}^{(0)}+\mu\tilde{A}\right]\xi_{,xx}+\left[(1-\mu)\tilde{B}^{(0)}+\mu\tilde{B}\right]\xi_{,x}+\left[(1-\mu)\tilde{C}^{(0)}+\mu\tilde{C}\right]\xi=(1-\mu)f^{(1)}+\mu f \tag{3-5}$$

当 μ 为 0 时，式(3-5)与线性模型方程(3-4)一致；当 μ 为 1 时，式(3-5)与非线性模型方程(3-1)一致；μ 在 0 到 1 之间变化时，代表在线性和非线性之间过渡。$\mu(x)$ 的值为

$$\mu(x)=\begin{cases}0, & 0\leqslant x\leqslant x_1 \\ \sin^2\left[\dfrac{\pi(x-x_1)}{2(x_2-x_1)}\right], & x_1<x<x_2 \\ 1, & x_2\leqslant x\leqslant x_3 \\ \sin^2\left[\dfrac{\pi(x_4-x)}{2(x_4-x_3)}\right], & x_3<x<x_4 \\ 0, & x_4\leqslant x\leqslant x_5\end{cases} \tag{3-6}$$

在图 3-1 中也给出了 $\mu(x)$ 的空间变化。

类似地，波面的一阶时间导数 $\dot{\eta}$ 也采用上述的耦合过渡算法。

后面应用非线性层析水波理论波流耦合模型进行数值模拟时，均采用耦合过渡算法进行计算求解。通过上述耦合过渡方法，可以在非线性区生成稳定的规则波。计算稳定后非线性区的波浪即为非线性模型的模拟结果。关于空间离散方法和时间步进的方法，详细介绍可参见文献（赵彬彬等，2014；赵彬彬等，2020a）。

第4章 层析水波理论波流耦合模型的程序源码

本章基于第 2 章和第 3 章给出的层析水波理论波流耦合模型的方程和数值求解方法，介绍求解的层析水波理论波流耦合模型的程序原理和源码。首先介绍程序的整体设计原理，之后依次详细介绍读入计算控制参数子程序、读入波浪参数子程序等子程序的原理和具体源码，最后简略介绍其他子程序（赵彬彬等，2020a，2020b）。

4.1 波流耦合模型的程序设计

层析水波理论波流耦合模型的计算流程如图 4-1 所示，图中展示子程序调用逻辑。在完成输入文件的读取和计算前的准备工作后，进入时间步进循环。在每个时间步内，对计算域内每个网格进行迭代计算，满足收敛条件后进入下一时间步。完成预设运行时间后，程序关闭。使用 input_md() 子程序定义变量，使用 allocate() 子程序分配可变维度的数组大小，这两个子程序在附录中给出。

主程序 GNWAVE 的代码如下：

```
1.   program GNWAVE
2.   use main_md,only:jt
3.   use input_md,only:nx,nl,dt,runtime
4.   implicit none
5.   integer*4 ::mm,i,iconverge
6.
7.   !!!
8.   !功能：主程序，确定各子程序调用逻辑关系
9.   !!!
10.
11.  call input()              !读入计算控制参数
12.  call input_wave()         !读入波浪参数
13.  call allocat()            !分配数组空间
14.  call coef()               !速度系数准备
15.  call prepare()            !时间步进前的准备
```

```
16.   call bottom ()                              !计算海底地形
17.   call transition ()                          !计算过渡系数
18.   do jt=1,runtime/dt                          !以下为时间步进计算
19.       print*,"jt=",jt                         !窗口显示当前计算的时间步
20.       call smooth ()                          !全局数值光滑
21.       call save_last ()                       !保存前一步计算值
22.       call predictor ()                       !时间步进预测
23.       do mm=1,10                              !当前时间步内迭代
24.           call boundary ()                    !更新边界条件
25.           do i=1,nx                           !方程求解准备
26.               call derivative (i)             !求解空间导数
27.               if(nl==1) call gn1 (i)          !求解第一级别方程系数
28.               if(nl==3) call gn3 (i)          !求解第三级别方程系数
29.               if(nl==5) call gn5 (i)          !求解第五级别方程系数
30.               call matrixcoef(i)              !合成矩阵
31.           enddo
32.           call updateut ()                    !方程求解
33.           call corrector ()                   !时间步进校正
34.           call converge (iconverge)           !迭代收敛判断
35.           if(iconverge==1.and.mm>1) then      !符合收敛标准则当前时间步计算结束
36.               print*,'iter=',mm
37.               exit
38.           endif
39.       enddo
40.       call output ()                          !计算结果输出
41.       call damp ()                            !数值消波
42.   continue
43.   call closefile ()                           !关闭文件
44.   end
```

主程序 GNWAVE 用到的模块有 main_md 和 input_md。其中，main_md 中需要用到的变量有 jt(当前时间步)，input_md 中需要用到的变量有 nx(计算域水平网格点数)、dt(时间步长 dt)、runtime(模拟时长)、nl(级别 K)。下面详细将介绍各个子程序。

第4章 层析水波理论波流耦合模型的程序源码

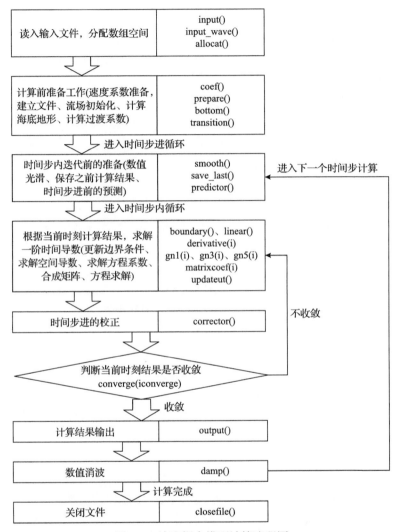

图 4-1　波流耦合模型计算流程图

4.2　读入计算控制参数子程序

程序在计算前要读入计算控制参数，本程序的计算控制参数由"算例的输入参数.txt"文件输入。

子程序input()用于读入"算例的输入参数.txt"文件中的计算控制参数，其代码如下。

```
1.  subroutine input()
2.  use
    input_md,only:nbottm,ngauge,npai,nL,nx,nxyb1,nxyb2,nxzb1,nxzb2,nbs,nmovie,nsnapshot,
    pi,g,Lx,depth,dx,dt,smthfactor,xbottm,abottm,gauge,pai,uc0,runtime,cdamp
3.  implicit none
4.  integer*4 :: i                          !临时变量
5.
6.  !!!
7.  !功能：读取计算控制参数
8.  !!!
9.  pi=4.d0*datan(1.d0)                     !定义圆周率
10. open(1,file='算例的输入参数.txt')        !读入'算例的输入参数.txt'中的参数
11. read(1,*) nL                            !模型级别
12. read(1,*) g                             !重力加速度
13. read(1,*) Lx,depth                      !计算域长、水深
14. read(1,*) dx,dt                         !空间步长、时间步长
15. read(1,*) runtime                       !模拟时长
16.
17. read(1,*) nbottm                        !海底特征点个数
18. allocate(xbottm(nbottm),abottm(nbottm))
19. do i=1,nbottm                           !读入海底特征点的水平位置，垂向位置
20.     read(1,*) xbottm(i),abottm(i)
21. enddo
22.
23. read(1,*) ngauge                        !固定观测点(浪高仪)的个数
24. allocate(gauge(ngauge))
25. do i=1,ngauge                           !读入指定固定观测点(浪高仪)的水平位置
26.     read(1,*) gauge(i)
27. enddo
28.
29. read(1,*) npai                          !输出流场抓拍时刻的个数
30. allocate(pai(npai))
31. do i=1,npai                             !读入指定输出时刻
32.     read(1,*) pai(i)
```

```
33.   enddo
34.
35.   read(1,*) nbs                    !海底光滑次数
36.   read(1,*) smthfactor             !全局光滑强度
37.   read(1,*) nsnapshot              !输出流场数据的时间步间隔
38.   read(1,*) nmovie                 !输出动画文件的时间步间隔
39.   allocate(uc0(0:nl-1))
40.   read(1,*) uc0(0:nl-1)            !读入背景流速度系数
41.   read(1,*) nxzb1,nxzb2            !左侧线性区点数、左侧过渡区点数
42.   read(1,*) nxyb1,nxyb2            !右侧过渡区点数、右侧线性区点数
43.   read(1,*) cdamp                  !消波系数
44.   close(1)
45.   nx=Lx/dx+1                       !计算域水平网格点数
46.   return
47.   end
```

子程序 input()需要用到 input_md。为了方便说明变量,这里给出"算例的输入参数.txt"的示例如下。

```
1.   5                        //模型级别 nL
2.   9.81                     //重力加速度 g
3.   45.0   0.5               //计算域长 Lx,水深 depth
4.   0.05   0.005             //空间步长 dx,时间步长 dt
5.   40                       //模拟时长
6.   5                        //海底特征点个数
7.   0.0    -0.5
8.   16.0   -0.5
9.   22.0   -0.4
10.  27.0   -0.5
11.  48.0   -0.5
12.  2                        //固定观测点的个数
13.  16                       //固定观测点的水平位置
14.  30
15.  2                        //输出流场抓拍时刻的个数
16.  12                       //指定输出时刻
```

```
17. 20
18. 1                                    //海底光滑次数
19. 0.01                                 //全局光滑强度
20. 400                                  //输出流场数据的时间步间隔
21. 1000                                 //输出动画文件的时间步间隔
22. -0.1  -0.4  -0.4  0.0  0.0           //背景流速度系数
23. 50    200                            //左侧线性区点数，左侧过渡区点数
24. 200   50                             //右侧过渡区点数，右侧线性区点数
25. 4.74                                 //消波系数
```

下面介绍程序中读入的变量。计算域空间参数设置如图 4-2 所示。

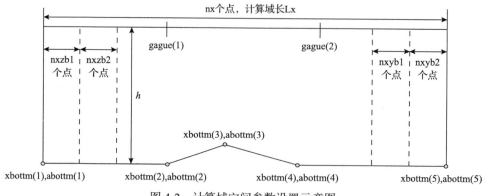

图 4-2　计算域空间参数设置示意图

程序第 11～15 行读入了变量：nL（模型级别 K），g（重力加速度 g），Lx（计算域长），depth（水深 h），dx（空间步长 dx），dt（时间步长 dt），runtime（模拟时长）。其输入如"算例的输入参数.txt"示例中的第 1～5 行所示。

程序第 17～21 行读入了变量：nbottm（海底特征点个数，对平底问题取 2），xbottm（海底特征点的水平位置），abottm（海底特征点的垂向位置），如图 4-2 所示。

nbottm 表示海底特征点个数，在输入 nbottm 后，在下面共 nbottm 行中，每行输入一个特征点的水平位置 xbottm 和垂向位置 abottm。其输入如"算例的输入参数.txt"示例中的第 6～11 行所示。

程序第 23～27 行读入了变量：ngauge（固定观测点的个数），gauge（固定观测点的水平位置），如图 4-2 所示。

ngauge 表示固定观测点的个数。在输入 ngauge 后，在下面共 ngauge 行中，每行输入一个固定观测点的水平位置 gauge。其输入如"算例的输入参数.txt"

示例中的第 12～14 行所示。

程序第 29～33 行读入了变量：npai（指定输出流场抓拍时刻的个数），pai（指定输出时刻）。

在输入流场抓拍时刻的个数 npai 后，在下面共 npai 行中，每行输入一个指定输出时刻 pai。其输入如"算例的输入参数.txt"示例中的第 15～17 行所示。

程序第 35～38 行读入了变量：nbs（海底光滑次数），smthfactor（全局光滑强度），nsnapshot（输出流场数据的时间步间隔），nmovie（输出动画文件的时间步间隔）。其输入如"算例的输入参数.txt"示例中的第 18～21 行所示。

程序第 39～40 行读入了变量：uc0（背景流速度系数 u_{cn}）。

uc0 为背景流速度系数，需要在一行内依次输入式 (2-71) 中的 $u_{cn}(n=0,1,\cdots,K-1)$ 共 K 个系数。其输入如"算例的输入参数.txt"示例中第 22 行所示：在第五级别方程 ($K=5$) 中，若背景流为二次剪切流 $u_c = -0.1 - 0.4z - 0.4z^2$，则 $u_{c0} = -0.1$，$u_{c1} = u_{c2} = -0.4$，$u_{c3} = u_{c4} = 0$，即在一行中输入–0.1、–0.4、–0.4、0.0、0.0。

程序 41～42 行读入了变量：nxzb1 和 nxzb2（左侧线性区点数，左侧过渡区点数），nxyb1 和 nxyb2（右侧过渡区点数，右侧线性区点数）。

nxzb1 和 nxzb2 分别对应图 3-1 中左侧的线性区和过渡区的网格点数，nxyb1 和 nxyb2 分别对应图 3-1 右侧的过渡区和线性区的网格点数。其输入如"算例的输入参数.txt"示例中的第 23 和 24 行所示。

程序 43 行读入了变量：cdamp（消波系数）。其输入如"算例的输入参数.txt"示例中的第 25 行所示。

程序在第 9 行和第 45 行定义了变量 pi（圆周率）、nx（计算域水平网格点数）的值。

本程序通过读取"算例的输入参数.txt"，对计算控制参数赋值，为程序计算做准备。

4.3 读入波浪参数子程序

在线性波浪理论中，波面表示为

$$\eta(x,t) = a\cos(kx - \omega t + \varphi) \tag{4-1}$$

其中，ω 为圆频率；φ 为相位；a 为波幅；k 为波数。

层析水波理论波流耦合模型需要计算线性波面，因此需要输入式(4-1)中的波幅 a、圆频率 ω、波数 k 和相位 φ，这些波浪参数从"input1.txt"文件读入。

子程序 input_wave() 用于读入 "input1.txt" 文件的波浪参数，其代码如下。

```
1.   subroutine input_wave()
2.   use input_wave_md,only:nwave, wave_a,wave_w,wave_k,wave_ome
3.   implicit none
4.   integer*4 :: i                              !临时变量
5.
6.   !!!
7.   !功能：读取线性波浪参数(波幅、圆频率、波数和相位)
8.   !!!
9.   open(1,file='input1.txt')
10.  read(1,*) nwave                             !波浪个数
11.  !读取每个波浪的线性波浪参数
12.  allocate(wave_a(nwave), wave_w(nwave), wave_k(nwave),wave_ome(nwave))
13.  wave_a=0
14.  wave_w=0
15.  wave_k=0
16.  wave_ome=0
17.  read(1,*)
18.  do i=1,nwave
19.      read(1,*) wave_a(i), wave_w(i),wave_k(i) ,wave_ome(i)
20.      !读入波幅、圆频率、波数和相位
21.  enddo
22.  close(1)
23.  return
24.  end
```

子程序 input_wave() 用到 input_wave_md。子程序读入的变量包括 nwave(单色波个数)、wave_a(单色波波幅)、wave_w(单色波圆频率)、wave_k(单色波波数) 和 wave_ome(单色波相位)。

程序需要打开 "input1.txt" 文件，其示例如下。

```
1.  1                                           //单色波个数
2.  下面给出这些单色波的波幅、圆频率、波数、相位
3.  0.0125   4.74203   2.76283   0.0
```

程序第 9 行打开"input1.txt"文件,之后在第 10 行读入波浪个数 N_w,其输入如"input1.txt"文件示例中第 1 行所示。对于规则波,波浪个数为 1。

程序第 18~20 行读入了波浪参数:波幅 a、圆频率 ω、波数 k 和相位 φ。其输入如"input1.txt"文件示例中第 3 行所示,在一行内依次输入波浪的波幅 a、圆频率 ω、波数 k 和相位 φ,共输入 N_w 行。

4.4 边界波面和水平速度系数求解子程序

根据式(2-71)中关于水平速度的分解,层析水波理论波流耦合模型中水平速度可表达为

$$u(x,z,t) = u_c(z) + \sum_{n=0}^{K-1} u_n^*(x,t) z^n \quad (4-2)$$

在层析水波理论波流耦合模型中,边界采用线性波浪理论解。对于线性规则波,引入

$$u_n^*(x,t) = u_{an}^* \cos(kx - \omega t + \varphi) \quad (4-3)$$

其中,u_{an}^* 为水平速度系数幅值。

将式(4-3)代入式(4-2),可得

$$u(x,z,t) = u_c(z) + \sum_{n=0}^{K-1} u_{an}^* \cos(kx - \omega t + \varphi) z^n \quad (4-4)$$

将式(4-4)中的水平速度 u 和背景流速 u_c 用对应的水平速度系数 u_n 和 u_{cn} 表示,可写为

$$\sum_{n=0}^{K-1} u_n z^n = \sum_{n=0}^{K-1} u_{cn} z^n + \sum_{n=0}^{K-1} u_{an}^* \cos(kx - \omega t + \varphi) z^n = \sum_{n=0}^{K-1} \left[u_{cn} + u_{an}^* \cos(kx - \omega t + \varphi) \right] z^n$$
$$(4-5)$$

由式(4-5)可得

$$u_n = u_{cn} + u_{an}^* \cos(kx - \omega t + \varphi), \quad n = 0,1,\cdots,K-1 \quad (4-6)$$

通过式(4-6)可求得时刻 t、位置 x 处,层析水波理论波流耦合模型的边界水平速度系数 $u_n(n=0,1,\cdots,K-1)$,边界波面通过式(4-1)求解。边界波面和水平速

度系数的一阶时间导数 $\dot{\eta}$ 和 $\dot{u}_n$ 分别为

$$\dot{\eta} = a\omega\sin(kx - \omega t + \varphi) \tag{4-7}$$

$$\dot{u}_n = u_{an}^{*}\omega\sin(kx - \omega t + \varphi), \quad n = 0,1,\cdots,K-1 \tag{4-8}$$

对于不规则波，采用多个单色波线性叠加的方法。层析水波理论波流耦合模型的边界波面 η、边界水平速度系数 u_n 及二者对时间的一阶导数 $\dot{\eta}$ 和 $\dot{u}_n$ 由子程序 linear(t,x) 计算完成，其代码如下。

```
1.  subroutine linear(t,x)
2.  use input_md,only:nl,uc0
3.  use input_wave_md,only:nwave,wave_a,wave_w,wave_k,wave_ome
4.  use coef_md,only: bcoef,btcoef,ucoef,utcoef,uacoef
5.  implicit none
6.  real*8 :: t,x                    !时刻、水平位置
7.  integer*4 :: i,j                 !临时变量
8.  real*8 :: amp,k,w,ome            !临时变量，记录波幅、波数、圆频率和相位
9.
10. !!!
11. !功能：计算边界波面、边界水平速度系数及二者对时间的导数
12. !!!
13. bcoef=0.0
14. btcoef=0.0
15. ucoef=0.0
16. utcoef=0.0
17. do i=1,nwave
18.     amp=wave_a(i)
19.     w=wave_w(i)
20.     k=wave_k(i)
21.     ome=wave_ome(i)
22.     bcoef=bcoef+amp*cos(k*x-w*t+ome)
23.     !计算波面，对应式(4-1)
24.     btcoef=bcoef+w*amp*sin(k*x-w*t+ome)
25.     !计算波面对时间导数，对应式(4-7)
26. enddo
```

```
27.    do i=0,nl-1
28.        do j=1,nwave
29.            amp=wave_a(j)
30.            w=wave_w(j)
31.            k=wave_k(j)
32.            ome=wave_ome(j)
33.            ucoef(i)=ucoef(i)+uacoef(i,j)*cos(k*x-w*t+ome)
34.            !计算水平速度系数，对应式(4-6)
35.            utcoef(i)=utcoef(i)+uacoef(i,j)*w*sin(k*x-w*t+ome)
36.            !水平速度系数时间导数，对应式(4-8)
37.        enddo
38.        ucoef(i)=ucoef(i)+uc0(i)
39.        !计算水平速度系数，对应式(4-6)
40.    enddo
41.    return
42. end
```

子程序 linear(t,x)需要用到的模块有 input_md、input_wave_md 和 coef_md。除了前文程序中介绍的变量外，coef_md 中的变量还包括 bcoef(边界波面 η)、btcoef(边界波面的时间导数 $\dot{\eta}$)、ucoef(边界水平速度系数 u_n)和 utcoef(边界水平速度系数的时间导数 $\dot{u}_n$)、uacoef(水平速度系数幅值 u_{an}^*)。

程序先根据式(4-1)和式(4-7)求解 η 和 $\dot{\eta}$，之后根据式(4-6)和式(4-8)，求解 u_n 和 $\dot{u}_n$，对于不规则波采用了线性叠加的方法。程序中还用到了 u_{an}^* 的值，下面介绍 u_{an}^* 的求解方法。

在线性波浪理论下(Thomas, 1981)，规则波的波面和水平速度可分别表示为

$$\eta(x,t) = a\cos(kx - \omega t) \tag{4-9}$$

$$u(x,z,t) = u_c(z) + u_1(z)\cos(kx - \omega t + \varphi) \tag{4-10}$$

其中，$u_1(z)$ 为线性波浪理论的水平速度幅值，这里额外引入了 φ 表示波的相位。对比式(4-4)和式(4-10)，可以发现

$$u_1(z) = \sum_{n=0}^{K-1} u_{an}^* z^n \tag{4-11}$$

现利用最小二乘法对 $u_1(z)$ 进行拟合，得到 u_{an}^* 的值。拟合时需要输入 n_z 个垂向位置处的垂向坐标 z_i 和线性波浪理论的水平速度幅值 u_1，再利用 $K-1$ 阶多项式对 u_1 进行拟合，最后得到水平速度系数幅值 u_{an}^*，如图 4-3 所示。

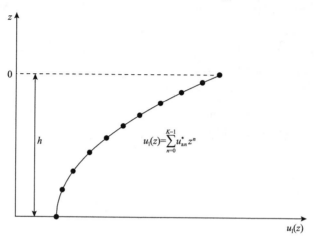

图 4-3　水平速度系数幅值拟合示意图

速度系数准备子程序 coef() 实现了上述拟合过程，其代码如下。

```
1.   subroutine coef()
2.   use input_md,only:nl
3.   use input_wave_md,only:nwave
4.   use coef_md,only:uacoef,nz,zi,ua
5.   implicit none
6.   integer*4 :: i,j                                    !临时变量
7.   integer*4 :: ndata,mfit                             !垂向拟合点数和多项式的项数
8.   real*8,allocatable,dimension(:) :: A,xdata,fdata    !临时变量，记录拟合值
9.
10.  !!!
11.  ! 功能：利用最小二乘法进行速度系数准备
12.  !!!
13.  open(1,file='边界.txt')
14.  read(1,*) nz                                        !垂向点数
15.  !读取垂向位置和对应的线性波浪理论的水平速度幅值
16.  allocate(zi(nwave,nz), ua(nwave,nz))
17.  zi=0
```

```
18.   ua=0
19.   do i=1,nwave
20.      do j=1,nz
21.         read(1,*) zi(i,j),ua(i,j)
22.         !读入水深、线性波浪理论的水平速度幅值
23.      enddo
24.   enddo
25.   close(1)
26.   uacoef=0.0
27.   mfit=nl                                          !级别赋值给 mfit
28.   ndata=nz                                         !拟合点数赋值给 ndata
29.   allocate(A(mfit),xdata(ndata),fdata(ndata))      !配置数组大小
30.   do i=1,nwave
31.      xdata(:)=0.0
32.      fdata(:)=0.0
33.      A(:)=0.0
34.      do j=1,nz                                     !赋值 xdata、fdata
35.         xdata(j)=zi(i,j)
36.         fdata(j)=ua(i,j)
37.      enddo
38.      call Lfit(xdata,fdata,ndata,a,mfit)           !最小二乘法拟合
39.      uacoef(0:nl-1,i)=A(:)                         !赋值 uacoef
40.   enddo
41.   return
42.   end
43. !
```

该子程序需要用到 input_md、input_wave_md 和 coef_md。本程序中，前面说明过的变量这里不再赘述，未说明过的变量包括 nz(垂向点数 n_z)、zi(垂向坐标 z_i)和 ua(线性波浪理论的水平速度幅值 u_1)。子程序 Lfit(xdata,fdata,ndata,A,mfit)为最小二乘法拟合程序，很多数学库函数都可以实现，这里不再详细介绍其原理和代码。

此子程序需要打开"边界.txt"文件，其示例如下。

```
1.  21
2.  0      0.0725341756376971
3.  -0.025 0.0681300402513636
4.  -0.05  0.064068698318705
5.  -0.075 0.0603298955206587
6.  -0.1   0.056894961590623
7.  -0.125 0.0537467368089336
8.  -0.15  0.0508694876745422
9.  -0.175 0.0482488295692241
10. -0.2   0.0458716560377795
11. -0.225 0.0437260743396786
12. -0.25  0.0418013469582549
13. -0.275 0.0400878387824675
14. -0.3   0.0385769697038333
15. -0.325 0.0372611723975816
16. -0.35  0.0361338550822202
17. -0.375 0.035189369076035
18. -0.4   0.0344229809923638
19. -0.425 0.0338308494380767
20. -0.45  0.0334100061016998
21. -0.475 0.0331583411389574
22. -0.5   0.033074584413128
```

程序在打开"边界.txt"文件后,先读取文件第一行中拟合的垂向点数 n_z,之后每行依次读入垂向坐标 z_i 和线性波浪理论的水平速度幅值 u_1。该文件通过本书 2.2.3 节求解得到。读取完成之后,调用最小二乘法程序,利用 $K-1$ 阶多项式,对 u_1 进行拟合,得到水平速度系数幅值 u_{an}^*,此 u_{an}^* 为 linear(t,x) 子程序中需要的变量 uacoef 的值。

4.5 建立文件及流场初始化子程序

在程序时间步进开始前,需要进行一些准备工作,包括打开动画文件、固定观测点时历记录文件、标定并保存固定观测点的位置及输出流场抓拍的时刻、初始化计算域为线性波流耦合场、输出初始流场波面和水平速度系数。

在第 i 个固定观测点 x_{gi} 处记录的波面时历，是离它最近的一个网格点 n_{gi} 的波面时历，公式如下：

$$n_{gi} = \text{int}\left[x_{gi}/\text{d}x\right] + 1 \tag{4-12}$$

其中，int[]表示取整函数。

在第 i 个输出流场抓拍时刻 t_{gi} 的流场抓拍图，记录的是离它最近的一个时间步 n_{ti} 的流场，如下：

$$n_{ti} = \text{int}\left[t_{gi}/\text{d}t\right] \tag{4-13}$$

子程序 prepare() 用于进行上述时间步进前的准备，代码如下。

```
1.   subroutine prepare()
2.   use input_md,only:ngauge,npai,dx,dt,gauge,pai,nx
3.   use prepare_md,only:igauge,ipai
4.   use main_md,only:beta,betat,u,ut
5.   use coef_md,only:bcoef,btcoef,ucoef,utcoef
6.   implicit none
7.   integer*4 :: jf, i                          !临时变量
8.   character*7 :: tp                           !临时变量
9.   character*14 :: filename                    !打开文件夹的名字符
10.  real*8 :: x                                 !水平位置
11.
12.  !!!
13.  ! 其主要功能有三点：
14.  !（1）打开动画文件和固定观测点时历记录文件
15.  !（2）标定并保存固定观测点的位置及输出流场抓拍的时刻
16.  !（3）初始化计算域为线性波流耦合场并输出流场波面和水平速度系数
17.  !!!
18.  open(51,file='movie.plt')                   !打开动画文件
19.  jf=2000
20.  do i=1,ngauge                               !打开固定观测点时历记录文件
21.      write(tp,'(f7.4)') gauge(i)
22.      filename='gau'//tp//'.dat'              !设置输出文件名称
```

```
23.        jf=jf+1
24.        open(jf,file=filename)                    !打开输出文件
25.    enddo
26.    !将固定观测点转化为计算域的网格点位置，对应式(4-12)
27.    allocate(igauge(ngauge))
28.    do i=1,ngauge
29.        igauge(i)=gauge(i)/dx+1
30.    enddo
31.    !将指定时刻转化为时间步，对应式(4-13)
32.    allocate(ipai(npai))
33.    do i=1,npai
34.        ipai(i)=pai(i)/dt
35.    enddo
36.    !初始化波面、水平速度系数及对时间的导数
37.    do i=-2,nx+3
38.        x=(i-1)*dx
39.        call linear(0.d0,x)
40.        !计算初始时刻流场波面、水平速度系数及对时间的导数
41.        beta(i,2)=bcoef
42.        betat(i,2)=btcoef
43.        u(i,:,2)=ucoef(:)
44.        ut(i,:,2)=utcoef(:)
45.    enddo
46.    !输出初始化波面和水平速度系数
47.    open(1,file='0-sudu.dat')
48.    open(2,file='0-bm.txt')
49.    do i=-2,nx+3
50.        write(1,'(10f20.7)')(i-1)*dx,u(i,:,2)
51.        write(2,*)(i-1)*dx,beta(i,2)
52.    enddo
53.    close(1)
54.    close(2)
55.    return
56. end
```

该程序需要用到的模块有 prepare_md、main_md、input_md 和 coef_md。前面未介绍的变量有 igauge（固定观测点的位置网格点编号 n_{gi}）、ipai（输出流场抓拍时刻对应的时间步编号 n_{ti}）。main_md 中的变量有 beta 和 betat（波面 η 及其时间导数 $\dot{\eta}$）、u 和 ut（水平速度系数 u_n 及其时间导数 $\dot{u}_n$）。

程序首先打开动画文件和固定观测点时历记录文件，然后利用式(4-12)和式(4-13)依次将固定观测点转化为计算域的网格点位置、指定时刻转化为时间步，最后将初始计算域设置为线性波流耦合场并输出初始波面和水平速度系数文件。

4.6 计算过渡系数子程序

在计算开始前要求解过渡系数 $\mu(x)$，具体如式(3-6)所示。

子程序 transition()用于过渡系数 $\mu(x)$ 的计算，其代码如下。

```
1.   subroutine transition()
2.   use input_md,only:nxyb1,nxyb2,nxzb1,nxzb2,pi,nx,dx
3.   use main_md,only:mu
4.   implicit none
5.   integer*4 :: n1,n2,n3,i                !临时变量
6.   real*8 :: xbar                          !临时变量
7.
8.   !!!
9.   !功能：计算过渡系数
10.  !!!
11.  mu(:)=1.0                               !过渡系数初始化
12.  n1=-2
13.  n2=1+nxzb1
14.  n3=1+nxzb1+nxzb2
15.  do i=n1,n2
16.      mu(i)=0.0                           !对应式(3-6)
17.  enddo
18.  do i=n2,n3
19.      xbar=1.0*(i-n2)/(n3-n2)
20.      xbar=sin(pi/2*xbar)**2
```

```
21.        mu(i)=1.0*xbar              !对应式(3-6)
22.    enddo
23.    n3=nx+3
24.    n2=nx-nxyb2
25.    n1=nx-nxyb2-nxyb1
26.    do i=n1,n2
27.        xbar=1.0*(n2-i)/(n2-n1)
28.        xbar=sin(pi/2*xbar)**2
29.        mu(i)=1.0*xbar              !对应式(3-6)
30.    enddo
31.    do i=n2,n3
32.        mu(i)=0.0                   !对应式(3-6)
33.    enddo
34.    open(1,file='0-过渡系数.txt')
35.    do i=-2,nx+3
36.        write(1,*)(i-1)*dx,mu(i)
37.    enddo
38.    close(1)
39.    return
40.    end
```

计算该程序需要用到的模块有 input_md 和 main_md。前文未介绍的变量为 mu(过渡系数 $\mu(x)$)。

程序参照式(3-6)，分别计算图 3-1 中 5 个区的过渡系数 $\mu(x)$。后续求解层析水波理论方程系数子程序和消波子程序将调用本子程序。

4.7 更新边界条件子程序

为了让计算域内所有网格点都能采用七点中心差分法求导，程序在计算域左端和右端都额外扩展延伸了 3 个点，即 $x=-3\mathrm{d}x$、$x=-2\mathrm{d}x$、$x=-\mathrm{d}x$ 以及 $x=(nx+1)\mathrm{d}x$、$x=(nx+2)\mathrm{d}x$、$x=(nx+3)\mathrm{d}x$，如图 4-4 所示。6 个点的值均为线性波流耦合结果，在每个时刻 t，都利用 linear(t,x) 子程序，计算这 6 个位置处的波面 η、水平速度系数 u_n 及二者对时间的一阶导数 $\dot{\eta}$ 和 $\dot{u}_n$。

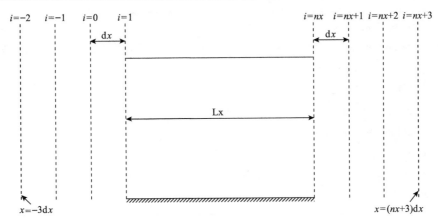

图 4-4　计算域左右两端边界示意图

子程序 boundary()用于上述边界计算更新，其代码如下。

```
1.   subroutine boundary()
2.   use input_md,only:dx,dt,nx
3.   use main_md,only:beta,betat,u,ut,jt
4.   use coef_md,only:bcoef,btcoef,ucoef,utcoef
5.   implicit none
6.   integer*4 :: i            !临时变量
7.   real*8 :: t,x             !时刻，水平位置
8.
9.   !!!
10.  ! 功能：为计算域左右边界各扩展三个点赋值
11.  !!!
12.  t=jt*dt
13.  do i=-2,0
14.      x=(i-1)*dx
15.      call linear(t,x)      !计算左侧边界扩展点的波面、水平速度系数及对时间的导数
16.      beta(i,2)=bcoef
17.      betat(i,2)=btcoef
18.      u(i,:,2)=ucoef(:)
19.      ut(i,:,2)=utcoef(:)
20.  enddo
21.  do i=nx+1,nx+3
```

```
22.     x=(i-1)*dx
23.     call linear(t,x)      !计算右侧边界扩展点的波面、水平速度系数及对时间的导数
24.     beta(i,2)=bcoef
25.     betat(i,2)=btcoef
26.     u(i,:,2)=ucoef(:)
27.     ut(i,:,2)=utcoef(:)
28.  enddo
29.  return
30.  end
```

该程序需要用到的模块有main_md、input_md和coef_md。变量含义已在前文说明，这里不再赘述。

程序中 $i=-2,-1,0$ 对应左侧3个点，$i=nx+1, nx+2, nx+3$ 对应右侧3个点。两侧都通过调用linear(t,x)子程序，计算边界波面 η、水平速度系数 u_n 及二者对时间的一阶导数 $\dot{\eta}$ 和 $\dot{u}_n$。

4.8 求解空间导数子程序

层析水波理论波流耦合模型方程中有空间导数 η_x、$u_{n,x}$、$u_{n,xx}$、$u_{n,xxx}$，求解这些导数时采用七点中心差分方法。赵彬彬等（2020a）给出了七点中心差分求解一阶、二阶和三阶导数的程序d1p7、d2p7、d3p7，d后面的数字 j 代表 j 阶导数，p后面的数字表示所用点数。对第 i 个点，调用七点中心差分程序d1p7、d2p7、d3p7，使用 $i-3$、$i-2$、$i-1$、i、$i+1$、$i+2$、$i+3$ 这7个点的值求解空间导数。

上述求解空间导数通过子程序derivative(i)完成，程序代码如下。

```
1.  subroutine derivative(i)
2.  use derivative_md,only:bt00,bt10,u00,u10,u20,u30,af00,af10,af20,af30
3.  use bottom_md,only:a0,a01x,a02x,a03x
4.  use main_md,only:beta,u
5.  use input_md,only:nl,dx
6.  implicit none
7.  integer*4 :: i,l                              !临时变量
8.
9.  !!!
```

```
10.    ! 功能：对波面，水平速度系数求空间导数
11.    !!!
12.    bt00=beta(i,2)                          !波面传递给 bt00
13.    call d1p7(beta(i-3:i+3,2),dx,bt10)      !计算波面一阶空间导数
14.    do l=0,nl-1
15.        u00(l)=u(i,l,2)                     !水平速度系数传递给 u00
16.        call d1p7(u(i-3:i+3,l,2),dx,u10(l)) !计算水平速度系数一阶空间导数
17.        call d2p7(u(i-3:i+3,l,2),dx,u20(l)) !计算水平速度系数二阶空间导数
18.        call d3p7(u(i-3:i+3,l,2),dx,u30(l)) !计算水平速度系数三阶空间导数
19.    enddo
20.    af00=a0(i)                              !海底地形及其对空间的导数传递给 af00、af10、af20
21.    af10=a01x(i)
22.    af20=a02x(i)
23.    af30=a03x(i)
24.    return
25.    end
```

该程序需要用到的模块有 main_md、input_md 和 derivative_md。下面介绍 derivative_md 中的变量。

bt00 代表波面 η，bt10 代表波面的一阶空间导数 η_x。u00 代表水平速度系数 u_n，u10、u20 和 u30 分别代表水平速度系数的一阶空间导数 $u_{n,x}$、二阶空间导数 $u_{n,xx}$ 和三阶空间导数 $u_{n,xxx}$。af00 代表海底地形 $-h(x)$，af10、af20 和 af30 分别代表海底地形 $-h(x)$ 的一阶空间导数 $-h_x$、二阶空间导数 $-h_{xx}$ 和三阶空间导数 $-h_{xxx}$。

程序首先采用七点中心差分法，利用 $i-3$ 到 $i+3$ 共 7 个点的波面和水平速度系数的值求解第 i 个点的空间导数。然后对海底地形及其空间导数变量赋值。

4.9 求解层析水波理论方程系数子程序

在 3.1 节介绍的算法中，将式(2-58)写成式(3-1)的形式。同时，3.1 节也利用 Mathematica 软件推导出了 $\tilde{A}$、$\tilde{B}$ 和 $\tilde{C}$ 的表达式。在求 f 时，令 $\xi_{,xx}$、$\xi_{,x}$ 和 ξ 均为 0，代入式(2-58)的左侧进行计算，同时考虑式(2-59)~式(2-67)，计算的结果取相反数即为 f。

求解 f 的过程中需要用到 w_n ($n=0,1,\cdots,K$) 及其导数。w_0 及其导数可以通过式(2-70)得到，以第一级别为例，利用 Mathematica 软件推导 w_0 及其导数的代码如下。

```
1.
2.   we={
3.      h[x]→-a,
4.      h⁽¹⁾[x]→-ax,
5.      h⁽²⁾[x]→-axx,
6.      h⁽³⁾[x]→-axxx,
7.
8.      u_n[x,t]→u[n],
9.      u_n^(1,0)[x,t]→ux[n],
10.     u_n^(2,0)[x,t]→uxx[n],
11.     u_n^(3,0)[x,t]→uxxx[n],
12.     u_n^(0,1)[x,t]→ut[n],
13.     u_n^(1,1)[x,t]→uxt[n],
14.     w_n[x,t]→w[n],
15.     w_n^(1,0)[x,t]→wx[n],
16.     w_n^(2,0)[x,t]→wxx[n],
17.     w_n^(3,0)[x,t]→wxxx[n],
18.     w_n^(0,1)[x,t]→wt[n],
19.     w_n^(1,1)[x,t]→wxt[n]};
20.  K=1;
21.  w_0[x,t]=∂_t(-h[x])-(∑_{n=1}^{K}((-h[x])^n*(w_n[x,t]-(∂_x(-h[x]))*u_n[x,t])))+(∂_x(-h[x]))*u_0[x,t];
22.  Print["w(0)=",w_0[x,t]//.we//FortranForm]
23.  Print["wt(0)=",(∂_t w_0[x,t])//.we//FortranForm]
24.  Print["wx(0)=",(∂_x w_0[x,t])//.we//FortranForm]
25.  Print["wxx(0)=",(∂_x ∂_x w_0[x,t])//.we//FortranForm]
26.  Print["wxt(0)=",(∂_t ∂_x w_0[x,t])//.we//FortranForm]
```

代码中 w(0) 代表 w_0，wt(0) 代表 $\dot{w}_0$，wx(0) 代表 $w_{0,x}$，wxx(0) 代表 $w_{0,xx}$，wxt(0) 代表 $\dot{w}_{0,x}$。运行代码后得到如下结果：

1. w(0)=ax*u(0) - a*(-(ax*u(1)) + w(1)).
2. wt(0)=ax*ut(0) - a*(-(ax*ut(1)) + wt(1)).
3. wx(0)=axx*u(0) + ax*ux(0) - ax*(-(ax*u(1)) + w(1)) - a*(-(axx*u(1)) - ax*ux(1) + wx(1)).
4. wxx(0)=axxx*u(0) + 2*axx*ux(0) + ax*uxx(0) - axx*(-(ax*u(1)) + w(1)) - 2*ax*(-(axx*u(1)) - ax*ux(1) + wx(1)) - a*(-(axxx*u(1)) - 2*axx*ux(1) - ax*uxx(1) + wxx(1)).
5. wxt(0)=axx*ut(0) + ax*uxt(0) - ax*(-(ax*ut(1)) + wt(1)) - a*(-(axx*ut(1)) - ax*uxt(1) + wxt(1)).

此结果应用于程序中计算 w_0 及其导数。w_n ($n=1,2,\cdots,K$) 由式 (2-57) 得到。

以第一级别 ($K=1$) 为例，子程序 gn1(i) 用于求解层析水波理论方程系数，其代码如下。

```
1.  subroutine gn1(i)
2.  use input_md,only: K=>nL,g,nxyb1,nxyb2,nxzb1,nxzb2,nx
3.  use derivative_md,only:bt00,bt10,u00,u10,u20,u30,af00,af10,af20,af30
4.  use gn_md,only:y1,y1L,a1,b1,c1,a1L,b1L,c1L,bmtl
5.  use main_md,only:betat,mu
6.  implicit none
7.  integer*4 :: i                              !网格计算点
8.  integer*4:: m,r,n                           !临时变量
9.  real*8 :: tp1                               !临时变量
10. real*8 :: b,bx                              !波面及其对 x 的一阶导数
11. real*8 :: a,ax,axx,axxx
12. !海底地形及其对 x 的导数(n 的个数为导数阶次)
13. real*8,allocatable,dimension(:) :: u,ut,ux,uxx,uxt,uxxx,uxxt
14. !水平速度系数及其对 x 和 t 的导数(n 和 t 的个数为导数阶次)
15. real*8,allocatable,dimension(:) :: w,wt,wx,wxx,wxt
16. !垂向速度系数及其对 x 和 t 的导数
17. real*8,allocatable,dimension(:) :: S1,S1x     !对应式(2-61)的 $S1_n$ 及其对 x 导数
18. real*8,allocatable,dimension(:,:) :: S2,S2x   !对应式(2-62)的 $S2_{mn}$ 及其对 x 导数
19. real*8,allocatable,dimension(:,:,:) :: S3,S3x !对应式(2-65)的 $S3_{mn}$ 及其对 x 导数
20. real*8,allocatable,dimension(:,:,:) :: S4,S4x !对应式(2-66)的 $S4_{mn}$ 及其对 x 导数
```

21. real*8,allocatable,dimension(:,:) :: Q,Qx,H,Hx
22. !对应式(2-65)和(2-66)的 Q_{mn} 和 H_{mn} 及其对 x 导数
23. real*8,allocatable,dimension(:) :: E,Gx
24. !对应式(2-59)的 E_n，式(2-60)的 G_n 对 x 的导数
25. real*8,allocatable,dimension(:) :: shi   !用于求向量 f
26. allocate(u(0:K),ut(0:K),ux(0:K),uxx(0:K),uxt(0:K),uxxx(0:K),uxxt(0:K))
27. allocate(w(0:K),wt(0:K),wx(0:K),wxx(0:K),wxt(0:K))
28. allocate(S1(0:K),S1x(0:K))
29. allocate(S2(0:K,0:K),S2x(0:K,0:K))
30. allocate(S3(0:K,0:K,0:K),S3x(0:K,0:K,0:K))
31. allocate(S4(0:K,0:K,0:K),S4x(0:K,0:K,0:K))
32. allocate(Q(0:K,0:K),Qx(0:K,0:K))
33. allocate(H(0:K,0:K),Hx(0:K,0:K))
34. allocate(E(0:K-1),Gx(0:K))
35. allocate(shi(1:K))
36.
37. !!!
38. ！功能：求解第一级别方程系数，波面对时间的导数
39. !!!
40. b=bt00   !对 b、bx 赋值
41. bx=bt10
42. a=af00   !对 a、ax、axx、axxx 赋值
43. ax=af10
44. axx=af20
45. axxx=af30
46.
47. u(K)=0   !u_K 及导数赋值为 0
48. ut(K)=0
49. ux(K)=0
50. uxx(K)=0
51. uxt(K)=0
52. uxxx(K)=0
53. uxxt(K)=0
54.

55.	do m=0,K-1

56. !对 u、u、ux、uxx、uxt、uxxx、uxxt 赋值

57.   u(m)=u00(m)

58.   ut(m)=0

59.   ux(m)=u10(m)

60.   uxx(m)=u20(m)

61.   uxt(m)=0

62.   uxxx(m)=u30(m)

63.   uxxt(m)=0

64. enddo

65.

66. do n=1,K   !对应式(2-57)

67.   tp1=-1.d0/n

68.   w(n)=tp1*ux(n-1)

69.   wt(n)=tp1*uxt(n-1)

70.   wx(n)=tp1*uxx(n-1)

71.   wxt(n)=tp1*uxxt(n-1)

72.   wxx(n)=tp1*uxxx(n-1)

73. enddo

74. !求解 w_0 及其时间空间导数

75. w(0)=ax*u(0) - a*(-(ax*u(1)) + w(1))

76. wt(0)=ax*ut(0) - a*(-(ax*ut(1)) + wt(1))

77. wx(0)=axx*u(0) + ax*ux(0) - ax*(-(ax*u(1)) + w(1)) - a*(-(axx*u(1)) - ax*ux(1) + wx(1))

78. wxx(0)=axxx*u(0) + 2*axx*ux(0) + ax*uxx(0) - axx*(-(ax*u(1)) + w(1)) - 2*ax*(-(axx*u(1)) - ax*ux(1) + wx(1)) - a*(-(axxx*u(1)) - 2*axx*ux(1) - ax*uxx(1) + wxx(1))

79. wxt(0)=axx*ut(0) + ax*uxt(0) - ax*(-(ax*ut(1)) + wt(1)) - a*(-(axx*ut(1)) - ax*uxt(1) + wxt(1))

80.

81. do n=0,K   !对应式(2-61)的 $S1_n$ 及其对 x 导数

82.   S1(n)=-(a ** (1+n)/(1+n)) + b ** (1+n)/(1+n)

83.   S1x(n)=-(a ** n*ax) + b ** n*bx

84. enddo

```
85.
86.    do m=0,k                                    !对应式(2-62)的 S2_{mn} 及其对 x 导数
87.        do n=0,k
88.            S2(m,n)=-(a**(1+m+n)/(1+m+n))+b**(1+m+n)/(1+m+n)
89.            S2x(m,n)=-(a**(m+n)*ax)+b**(m+n)*bx
90.        enddo
91.    enddo
92.
93.    do m=0,k                                    !对应式(2-65)的 S3_{mrn} 及其对 x 导数
94.        do r=0,k
95.            do n=0,k
96.                S3(m,r,n)=-(a**(1+m+n+r)/(1+m+n+r))+b**(1+m+n+r)/(1+m+n+r)
97.                S3x(m,r,n)=-(a**(m+n+r)*ax)+b**(m+n+r)*bx
98.            enddo
99.        enddo
100.   enddo
101.
102.   do m=0,k                                    !对应式(2-66)的 S4_{mrn} 及其对 x 导数
103.       do r=0,k
104.           do n=0,k
105.               if(m==0) then
106.                   S4(m,r,n)=0
107.                   S4x(m,r,n)=0
108.               else
109.                   S4(m,r,n)=m*(-(a**(m+n+r)/(m+n+r))+b**(m+n+r)/(m+n+r))
110.                   S4x(m,r,n)=(-(a**(-1+m+n+r)*ax)+b**(-1+m+n+r)*bx)*m
111.               endif
112.           enddo
113.       enddo
114.   enddo
115.
```

```
116. do m=0,K                                    !式(2-63)的 $Q_{mn}$ 和其对 x 导数
117.    do n=0,K
118.       tp1=0
119.       do r=0,K
120.          tp1=tp1+u(r)*S3(m,r,n)
121.       enddo
122.       Q(m,n)=tp1
123.       tp1=0
124.       do r=0,K
125.          tp1=tp1+ux(r)*S3(m,r,n)+u(r)*S3x(m,r,n)
126.       enddo
127.       Qx(m,n)=tp1
128.    enddo
129. enddo
130.
131. do m=0,K                                    !对应式(2-64)的 $H_{mn}$ 及其对 x 导数
132.    do n=0,K
133.       tp1=0
134.       do r=0,K
135.          tp1=tp1+w(r)*S4(m,r,n)
136.       enddo
137.       H(m,n)=tp1
138.       tp1=0
139.       do r=0,K
140.          tp1=tp1+wx(r)*S4(m,r,n)+w(r)*S4x(m,r,n)
141.       enddo
142.       Hx(m,n)=tp1
143.    enddo
144. enddo
145.
146. do n=0,K-1                                  !对应式(2-59)的 $E_n$
147.    tp1=0
148.    do m=0,K
149.       tp1=tp1+ut(m)*S2(m,n)+ux(m)*Q(m,n)+u(m)*H(m,n)
```

150.   enddo
151.   E(n)=tp1
152. enddo
153.
154. do n=0,K
155. !对应式(2-60)的 G_n 对 x 的导数
156.   tp1=0
157.   do m=0,K
158.   tp1=tp1+wxt(m)*S2(m,n)+wt(m)*S2x(m,n)+wxx(m)*Q(m,n)+wx(m)*Qx(m,n) +wx(m)*H(m,n)+w(m)*Hx(m,n)
159.   enddo
160.   Gx(n)=tp1
161. enddo
162.
163. do n=1,K   !求解向量 f
164.   shi(n)=Gx(n)+g*S1x(n)+n*E(n-1)-(a**n)*(Gx(0)+g*S1x(0))
165. enddo
166. do n=1,k
167.   y1(n)=-shi(n)
168. enddo
169.
170. a1(1,1)=(a-b)**3/3.
171. !求解 $\tilde{A}$ 、 $\tilde{B}$ 、 $\tilde{C}$ ，见 Mathematica 结果
172. b1(1,1)=(a-b)**2*(ax-bx)
173. c1(1,1)=((a-b)*(-2+a*axx-axx*b-2*ax*bx))/2.
174.
175. tp1=0   !对应式(2-80)
176. do n=0,K
177.   tp1=tp1+b**n*(w(n)-bx*u(n))
178. enddo
179. betat(i,2)=tp1
180.
181. if(i<(1+nxzb1+nxzb2).or.i>(nx-nxyb1-nxyb2)) then   !采取耦合过渡
182. call gn1L()   !调用子程序 gn1L()求解

```
183. a1(:,:)=(1-mu(i))*a1L(:,:)+mu(i)*a1(:,:)
184. b1(:,:)=(1-mu(i))*b1L(:,:)+mu(i)*b1(:,:)
185. c1(:,:)=(1-mu(i))*c1L(:,:)+mu(i)*c1(:,:)
186. y1(:)=(1-mu(i))*y1L(:)+mu(i)*y1(:)
187. betat(i,2)=(1-mu(i))*bmTL + mu(i)*betat(i,2)
188. endif
189. return
190. end
```

子程序 gn1(i)需要用到的模块有 input_md、derivative_md、main_md 和 gn_md，下面说明前文未介绍的变量。a1、b1、c1 和 y1 分别代表式(3-4)中的矩阵 $\tilde{A}$、$\tilde{B}$、$\tilde{C}$ 和向量 f，a1L、b1L、c1L 和 y1L 分别代表式(3-5)中 $\tilde{A}^{(0)}$、$\tilde{B}^{(0)}$、$\tilde{C}^{(0)}$ 和 $f^{(1)}$，bmtl 代表 $\dot{\eta}^{(1)}$，betat 代表 $\dot{\eta}$。

子程序 gn1(i)首先利用式(2-57)计算 $w_n(n=1,2,\cdots,K)$ 及其导数，根据 Mathematica 软件推导出的结果，求出 w_0 及其导数。之后利用式(2-61)、式(2-62)、式(2-65)和式(2-66)求解 $S1_n$、$S2_{mn}$、$S3_{mrn}$ 和 $S4_{mrn}$ 及四者对 x 的导数，利用式(2-63)、式(2-64)、式(2-59)和式(2-60)分别求解 Q_{mn} 和 H_{mn} 及二者对 x 导数、E_n 以及 G_n 对 x 的导数。在求解完上述变量后，计算得到向量 f。接着利用 Mathematica 软件推导出的表达式计算 $\tilde{A}$、$\tilde{B}$ 和 $\tilde{C}$，调用 gn1L()子程序得到 $\tilde{A}^{(0)}$、$\tilde{B}^{(0)}$、$\tilde{C}^{(0)}$、$f^{(1)}$ 和 $\dot{\eta}^{(1)}$ 的值。最后参照式(3-5)完成耦合过渡。

子程序 gn1L()用来计算得到 $\tilde{A}^{(0)}$、$\tilde{B}^{(0)}$、$\tilde{C}^{(0)}$、$f^{(1)}$ 和 $\dot{\eta}^{(1)}$ 的值，其代码如下。

```
1.  subroutine gn1L()
2.  use input_md,only:nL,uc0,depth,g
3.  use derivative_md,only:bt10,u10,u30
4.  use gn_md,only:y1L,a1L,b1L,c1L,bmtl
5.  use main_md,only:betat
6.  implicit none
7.  integer*4:: m                              !临时变量
8.  integer*4:: k                              !级别
9.  real*8 ::dp,bx                             !水深，波面对 x 的一阶导数
10. real*8,allocatable,dimension(:) :: ux,uxxx !水平速度系数对 x 的一阶和三阶导数
```

```
11.
12. !!!
13. !功能：求解 $\tilde{A}^{(0)}$、$\tilde{B}^{(0)}$、$\tilde{C}^{(0)}$、$f^{(1)}$ 和 $\dot{\eta}^{(1)}$
14. !!!
15. k=nl                                          !k 表示级别
16. allocate(ux(0:K-1), uxxx(0:K-1))
17. bx=bt10                                       !对 bx、dp 赋值
18. dp=depth
19. do m=0,K-1                                    !对 ux、uxxx 赋值
20.     ux(m)=u10(m)
21.     uxxx(m)=u30(m)
22. enddo
23. !求解 $\tilde{A}^{(0)}$、$\tilde{B}^{(0)}$、$\tilde{C}^{(0)}$、$f^{(1)}$ 和 $\dot{\eta}^{(1)}$
24. a1L(1,1)=-dp**3/3.
25. b1L(1,1)=0
26. c1L(1,1)=dp
27. y1L(1)=-(bx*dp*g) - dp*uc0(0)*ux(0) + (dp**3*uc0(0)*uxxx(0))/3.
28. bmTL=-(bx*uc0(0)) - dp*ux(0)
29. return
30. end
```

子程序 gn1L()需要用到 input_md、derivative_md、main_md 和 gn_md。程序通过使用 Mathematica 软件推导出的表达式来计算 $\tilde{A}^{(0)}$、$\tilde{B}^{(0)}$、$\tilde{C}^{(0)}$、$f^{(1)}$、$\dot{\eta}^{(1)}$ 的值。

4.10 当前时间步计算结果输出子程序

当前时间步如果计算收敛，则输出计算结果。本程序共有 4 类输出文件。

第 1 类，固定观测点时历记录文件，命名方法为："gau+空间位置 x+.dat"，如 "gau20.0000.dat" 为指定的 $x = 20m$ 处的时历记录文件；

第 2 类，指定时刻流场文件，命名方法为："pai+抓拍时的时间 t+.dat"，如 "pai12.000.dat" 为指定的 $t = 12s$ 时的流场抓拍记录文件；

第 3 类，固定时间间隔流场文件，命名方法为：当前时刻的时间"t+.txt"，如"2.000.txt"为 $t = 2s$ 时自动生成的流场抓拍记录文件；

第 4 类，用于绘制数值模拟动画的动画文件，通过 Tecplot 软件打开，文件名是"movie.plt"。

子程序 output()用于结果输出，其代码如下。

```
1.   subroutine output()
2.   use main_md,only:jt,beta,u
3.   use input_md,only:ngauge,npai,nL,nx,dx,nmovie,nsnapshot,dx,dt,pai
4.   use prepare_md,only:igauge,ipai
5.   implicit none
6.   integer*4 i,j,jf                        !临时变量
7.   character*8 tp1                         !临时变量
8.   character*15 tp                         !临时变量
9.   character*15 name                       !临时变量，储存文件名
10.  real*8 :: t                             !当前计算时刻
11.
12.  !!!
13.  !功能：根据要求输出动画文件，固定观测点时历记录文件，指定时刻流场文件以及固
         定时间间隔流场文件
14.  !!!
15.  t=jt*dt
16.  jf=2000
17.  do i=1,ngauge                           !输出固定观测点时历记录结果
18.     jf=jf+1
19.     write(jf,'(9(f25.17))') t,beta(igauge(i),2),u(igauge(i),:,2)
20.     !输出顺序为时间、波面、水平速度系数
21.  enddo
22.
23.  do i=1,npai                             !输出指定时刻流场结果
24.     if (jt.eq.ipai(i)) then
25.        write(tp1,'(f8.3)') pai(i)
26.        tp='pai'//tp1//'.dat'
27.        open(1,file=tp)
28.        do j=-2,nx+3
```

```
29.            write(1,'(9(f25.17))')  (j-1)*dx,beta(j,2),u(j,:,2)
30.            !输出顺序为水平位置、波面、水平速度系数
31.        enddo
32.        close(1)
33.      endif
34.   enddo
35.
36.   if(mod(jt,nsnapshot).eq.0) then          !输出等时间间隔结果
37.        write(tp1,'(f8.3)') t
38.        name=tp1//'.txt'
39.        open(1,file=name)
40.        do i=-2,nx+3
41.            write(1,'(9(f25.17))')  (i-1)*dx,beta(i,2),u(i,:,2)
42.            !输出顺序为水平位置、波面、水平速度系数
43.        enddo
44.        close(1)
45.   endif
46.
47.   if(mod(jt,nmovie)==0) then               !输出动画文件结果
48.        write(51,*) 'zone i=',nx,' f=POINT'
49.        do i=1,nx
50.            write(51,*) (i-1)*dx,beta(i,2)
51.        enddo
52.   endif
53.
54.   return
55.   end
```

该子程序用到的模块有 main_md、input_md、prepare_md。子程序根据指定的要求，依次输出固定观测点时历记录文件、指定时刻流场文件、固定时间间隔流场文件和动画文件，用于后处理和可视化。

4.11 数值消波子程序

为了保持模拟的准确稳定，引入数值消波系数 c_{damp} 对计算域进行数值消波，使用新计算的 $\bar{\eta}$ 和 $\bar{\dot{u}}_i$ 替代层析水波理论波流耦合模型得到的 η 和 $\dot{u}_i$，表达式分别为

$$\bar{\eta} = \dot{\eta}_{\text{com}} - c_{\text{damp}} (1-\mu(x))(\eta_{\text{com}} - \eta_{\text{ref}}) \tag{4-14}$$

$$\bar{\dot{u}}_i = \dot{u}_{i,\text{com}} - c_{\text{damp}} (1-\mu(x))(u_{i,\text{com}} - u_{i,\text{ref}}), \quad i = 0,1,\cdots,K-1 \tag{4-15}$$

其中，下标 com 代表数值消波前的计算值，上标横线代表数值消波后的值，下标 ref 代表参考值，这里取为波流相互作用的线性解。$1-\mu(x)$ 代表消波方程空间变化，在图 3-1 的非线性区内，$1-\mu(x)$ 为 0，即不采用消波。在图 3-1 的线性区和过渡区内，$1-\mu(x)$ 不为 0，即应用消波方程，消除波浪反射。消波区域为图 3-1 中左右两侧的线性区和过渡区（$0 \leqslant x \leqslant x_2$ 和 $x_3 \leqslant x \leqslant x_5$）。

子程序 damp() 利用式(4-14)和式(4-15)进行数值消波，其代码如下。

```
1.   subroutine damp()
2.   use main_md,only:jt,beta,betat,u,ut,mu
3.   use input_md,only:cdamp,dx,dt,nx
4.   use coef_md,only:bcoef,ucoef
5.   implicit none
6.   integer*4 :: i                                          !临时变量
7.   real*8 :: t,x                                           !时间、水平位置
8.
9.   !!!
10.  !功能：完成计算域数值消波
11.  !!!
12.  t=jt*dt
13.  do i=1,nx
14.      x=(i-1)*dx
15.      call coefbm(t,x)                                    !计算参考值
16.      betat(i,2)=betat(i,2)-cdamp*(1-mu(i))*(beta(i,2)-bcoef)    !对应式(4-14)
17.      ut(i,:,2)=ut(i,:,2)-cdamp*(1-mu(i))*(u(i,:,2)-ucoef(:))    !对应式(4-15)
```

```
18.    enddo
19.    return
20.    end
```

该程序需要用到的模块有 main_md、input_md 和 coef_md。它们的变量含义均已做过介绍，在此不再赘述。

利用上述代码，可参照式(4-14)和式(4-15)，在每个时刻对计算域进行数值消波，消除外传波浪，使计算域内模拟的波浪准确和稳定。

4.12 其他子程序

除前面介绍的子程序，其他子程序代码和赵彬彬等(2020a, 2020b)相应的代码相同或相似，读者可比对代码了解各个子程序，下面做简要介绍。

matrixcoef(i)：用于计算空间离散后模型求解方程的矩阵系数；

converge(iconverge)：用于判断当前时间步计算是否收敛；

closefile()：用于关闭一些输出文件；

d1p7(f,dx,b)、d2p7(f,dx,b) 和 d3p7(f,dx,b)：用于七点中心差分求一阶、二阶和三阶导数；

matxmat(a,b,c,n)：用于计算矩阵与矩阵相乘；

matxvec(a,b,c,n)：用于计算矩阵与向量相乘；

invmat(a,n,l)：用于矩阵求逆。

一些子程序的不同之处在于本书将程序中的流函数系数和流函数系数的一阶时间导数替换为波流耦合模型求解的水平速度系数 u_n 和水平速度系数的一阶时间导数 $\dot{u}_n$。这些程序包括：

smooth()：用于对计算域的求解结果进行数值光滑(其中使用的 smooth5pfact (n,a,fact)子程序与赵彬彬等(2020a)的程序相同)；

save_last()：在进入下一个时间步计算之前，将最新 4 个时间步的计算值存入对应数组的备用位置，并空出用于数组计算的位置，用来求解下一个时间步的值；

predictor() 和 corrector()：用四阶 Adams 预测-校正法分别进行时间步进预测和校正。

updateut()：用于求解当前时刻水平速度系数对时间的一阶导数，与赵彬彬等(2020a)的程序相似。区别有两点，首先仍然是将流函数系数和流函数系数的一阶时间导数替换为波流耦合模型求解的水平速度系数 u_n 和水平速度系数的一

阶时间导数 $\dot{u}_n$。其次，由于波流耦合模型计算域右侧仍有外传线性波浪，右端应用了赵彬彬等（2020a）的式（3-43）和式（3-44）。updateut（）中使用的子程序 solve（m,n,judge,ibreak）与赵彬彬等（2020a）的程序相同。

bottom（）：海底地形子程序 bottom（）用于设置可随空间变化的海底地形，与赵彬彬等（2020b）的程序相似。不同之处在于，后者将地形的二阶和三阶空间导数设为 0，只能考虑直线连接形式的地形。本书的 bottom（）程序中，地形的二阶和三阶空间导数利用七点中心差分程序 d2p7 和 d3p7 求解，适用于曲线地形。bottom（）中调用的 smooth5p（n,a）与赵彬彬等（2020b）相同。

第5章 规则波与均匀流相互作用数值模拟

本书后续所有算例均为平整海底的情况,即不考虑海底地形变化。本章对规则波与均匀流的相互作用进行数值模拟,流速从水面到海底恒为 U_0,流与波浪传播同向时为顺流情况,流与波浪传播反向时为逆流情况。本章首先利用线性波流耦合模型模拟均匀流中规则波,之后利用非线性波流耦合模型模拟均匀流中规则波。

5.1 基于线性波流耦合模型的均匀流中规则波研究

本节将线性层析水波理论波流耦合模型的模拟计算结果与线性波浪理论的结果进行对比,并引入无流时的情况以便于参考,从而验证线性波流耦合模型计算结果的准确性。

5.1.1 波速分析

本小节采用线性层析水波理论波流耦合模型计算均匀流中规则波的波速,并将其与线性波浪理论的波速进行对比。算例的水深 h 为 0.5m,波高 H 为 0.075m,选取均匀流为 $u_c(z)=\pm 0.1\text{m/s}$。$u_c(z)=0.1\text{m/s}$ 时表示顺流,$u_c(z)=-0.1\text{m/s}$ 时表示逆流。通过改变周期,调整色散性,计算均匀流中不同色散性的规则波的波速。这里以第三级别($K=3$)模型为例,展示计算结果,波速对比如图 5-1 所示,图中用 $c/\sqrt{gh}$ 表示无因次化的波速,水平的点划线表示 $c/\sqrt{gh}=1$,横轴为 kh(k 是波浪的波数),描述波浪色散性。当 kh 很小时,波浪为浅水波,色散性很弱。随着 kh 的逐渐增大,色散性是逐渐增强的,波浪由浅水波过渡变为有限水深波。一般认为当 kh 大于 π 时,波浪由有限水深波变为深水波。

图 5-1 分别展示了均匀流下线性波流耦合模型和线性波浪理论规则波波速计算结果,并给出了无流时的波速做对比。从图中可以看出,当 kh 趋近于 0 时,无流情况下的波速 $c/\sqrt{gh}$ 趋近于 1,这符合浅水波特点。

另外,图 5-1 表明线性波流耦合模型和线性波浪理论的波速结果吻合得很好,对于图 5-1 中包含的浅水、有限水深和深水波,线性波流耦合模型都能准确计算得到均匀流中规则波的线性波速。不管是逆流还是顺流情况下,波速都是

第 5 章 规则波与均匀流相互作用数值模拟

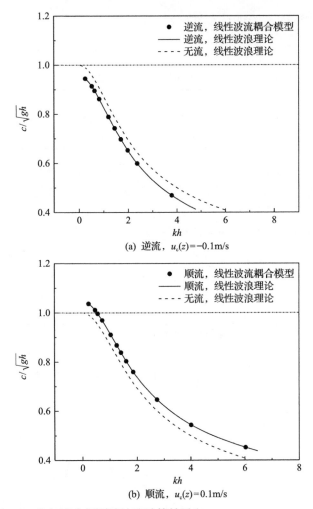

图 5-1 均匀流中规则波波速计算结果（$h = 0.5\mathrm{m}$，$H = 0.075\mathrm{m}$）

随着 kh 增加而逐渐减小的。相对于无流的情况，顺流条件下的波速更大，而逆流情况下的波速更小，这与我们常规的认知也是一致的。

5.1.2 波面分析

本小节采用线性层析水波理论波流耦合模型计算均匀流中规则波的波面，并将结果与线性波浪理论结果进行对比，给出无流情况下的波面作为参考，以验证计算结果的准确性。算例参数如表 5-1 所示。

算例中水深 h 为 0.5m，波高 H 为 0.075m，周期 T 为 1.325s。算例包含无流、逆流和顺流三种情况，对应均匀流的流速分别为 $u_c(z)=0\mathrm{m/s}$、$u_c(z)=-0.1\mathrm{m/s}$、$u_c(z)=0.1\mathrm{m/s}$。在模拟规则波与均匀流相互作用前，首先模拟计算无流算例 U1

即 $u_c(z)$=0m/s 的波面，验证计算准确性。

表 5-1　均匀流中规则波的算例参数

算例	h / m	H / m	T / s	u_c / (m/s)
U1	0.5	0.075	1.325	0
U2	0.5	0.075	1.325	−0.1
U3	0.5	0.075	1.325	0.1

图 5-2 给出了无流情况下线性波流耦合模型和线性波流理论规则波波面计算结果，图中将所展示的波面结果的第一个波峰移到 $x=0$ 处（展示背景流中规则波的波面计算结果时均采用这种方法，后面不再赘述）。从图中可以看出，波面呈现出余弦函数形式，在当前的坐标范围内，计算得到的波面曲线可以说是完全重合的，即线性波流耦合模型的波面计算结果与线性波浪理论结果吻合得很好，并且可以观察波峰和波谷的垂直坐标位置，发现其是关于垂直坐标原点 $z=0$ 对称的。

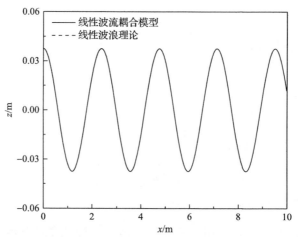

图 5-2　无流情况下规则波波面计算结果（算例 U1，$u_c(z)$=0m/s）

然后，对逆流算例 U2 即 $u_c(z)$=−0.1m/s 时的波面进行模拟。图 5-3 展示了逆流情况下线性波流耦合模型与线性波浪理论计算得到的规则波波面。

从图 5-3 中可以看出，逆向均匀流（$u_c(z)$=−0.1m/s）情况下，线性波流耦合模型的波面计算结果与线性波浪理论的结果一致，并且逆流情况下波长明显小于无流时的波长，因为周期相同，逆流时波浪传播速度明显慢于无流情况时的速度。

最后，模拟计算顺流算例 U3 即 $u_c(z)$=0.1m/s 时的波面。顺流情况下线性波流耦合模型与线性波浪理论得到的规则波波面如图 5-4 所示。

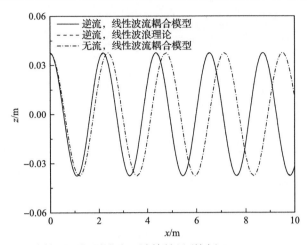

图 5-3　逆流情况下规则波波面计算结果（算例 U2，$u_c(z)=-0.1\text{m/s}$）

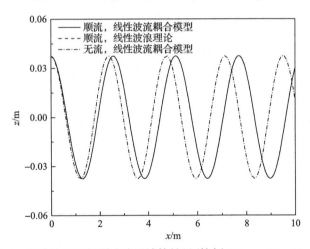

图 5-4　顺流情况下规则波波面计算结果（算例 U3，$u_c(z)=0.1\text{m/s}$）

从图 5-4 中可以看出，顺向均匀流情况下，线性波流耦合模型的波面计算结果也与线性波浪理论的波面结果吻合得很好。从而完成了对线性层析水波理论波流耦合模型及其算法在规则波与均匀流耦合问题上的波面验证。

5.1.3　速度场分析

本小节给出线性波流耦合模型计算得到的波峰下水平速度，将其与线性波浪理论的结果进行对比，并用无流情况下的结果作为参考，以便验证计算的准确性。

首先，图 5-5 展示了无流情况下线性波流耦合模型与线性波浪理论得到的规则波波峰下水平速度。

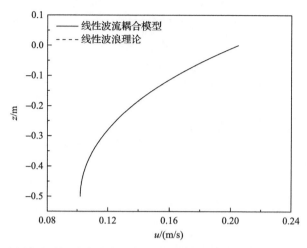

图 5-5　无流情况下规则波波峰下水平速度计算结果(算例 U1，$u_c(z)=0$m/s)

从图中可以看出，无流情况下，在当前的坐标范围内，线性波流耦合模型和线性波浪理论得到的速度曲线可以说是完全重合的，这表明线性波流耦合模型计算得到的波峰下水平速度与线性波浪理论的波峰下水平速度吻合得很好。另外，在图中的垂直坐标范围内，波峰下水平速度是随着 z 的减小而减小的。

然后，对逆流算例 U2 即 $u_c(z)=-0.1$m/s 时的波峰下水平速度进行计算。图 5-6 展示了逆流情况下线性波流耦合模型与线性波浪理论得到的规则波波峰下水平速度。

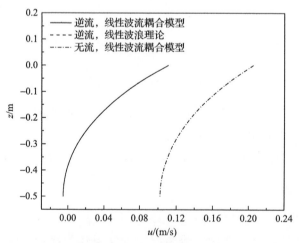

图 5-6　逆流情况下规则波波峰下水平速度计算结果(算例 U2，$u_c(z)=-0.1$m/s)

从图 5-6 中可以看出，逆向均匀流情况下，线性波流耦合模型的计算结果与线性波浪理论的结果一致，并且其关于 z 的变化与无流情况下的也是一致的，此外，当 z 相同时，相比于无流情况，逆流使波峰下水平速度减小。$z = -0.5\mathrm{m}$ 时，逆流情况下和无流情况下的速度差达到 $0.1\mathrm{m/s}$ 左右。但随着 z 的增大，可以发现二者之间的差值在减小。

最后，计算顺流算例 U3 即 $u_c(z) = 0.1\mathrm{m/s}$ 时的波峰下水平速度。顺流情况下线性波流耦合模型与线性波浪理论得到的规则波波峰下水平速度如图 5-7 所示。

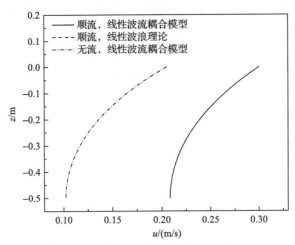

图 5-7　顺流情况下规则波波峰下水平速度计算结果（算例 U3，$u_c(z) = 0.1\mathrm{m/s}$）

从图 5-7 中可以看出，顺向均匀流情况下，线性波流耦合模型的波峰下水平速度计算结果也与线性波浪理论的结果吻合得很好。相比于无流情况，顺流时波峰下水平速度增加。在 $z = -0.5\mathrm{m}$ 时，水平速度增加值大约为 $0.1\mathrm{m/s}$，增加值不完全等于 $0.1\mathrm{m/s}$ 说明规则波与均匀流相互作用的耦合模型的速度值并不能简单地理解为纯波速与纯流速的和。另外，还能得到与图 5-6 类似的结论，即顺流情况下的波峰下水平速度关于变量 z 的变化与无流情况下是一致的，二者之间的波峰下水平速度差也是随着 z 的增大而减小。

通过以上对比分析，完成了对线性层析水波理论波流耦合模型及其算法在规则波与均匀流耦合问题上的速度场验证。

5.2　基于非线性波流耦合模型的均匀流中规则波研究

本节采用非线性层析水波理论波流耦合模型模拟均匀流中的规则波，将波面、速度场结果与流函数波浪理论（Chaplin，1979）的结果对比，验证非线性波流耦合模型计算的准确性。

首先，展示非线性层析水波理论波流耦合模型模拟均匀流中规则波时，不同时刻的计算域波面。以逆流情况为例,不同时刻的计算域波面结果如图 5-8 所示。算例参数如下:水深 $h=0.5\mathrm{m}$,波高 $H=0.075\mathrm{m}$,周期 $T=1.325\mathrm{s}$,背景流速 $u_\mathrm{c}=-0.1\ \mathrm{m/s}$。

图 5-8 中实线表示波面,虚线表示图 3-1 中各个区的边界。在模拟背景流中的规则波时,初始时刻计算域为线性波面(图 5-8(a)),即波峰与波谷之间以直线相连,且波峰与波谷互为相反数。时间步进开始后,流场进行迭代计算,波面逐渐演化(图 5-8(b)),最终流场达到稳定状态(图 5-8(c)),此时非线性区波面稳定,且波峰高于波高的一半,波谷低于波高的一半,即出现尖峰坦谷。此时非线性区内的波浪就是非线性波流耦合模型的数值模拟结果,可以用来对比验证和分析研究。后面所有非线性模型的计算结果均类似地从非线性区中得到。

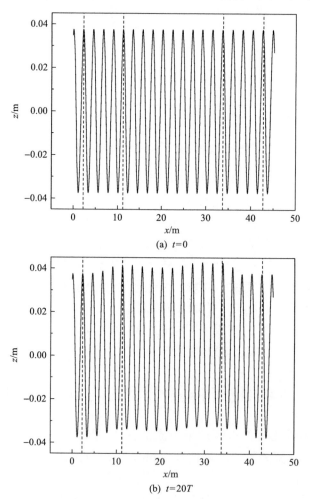

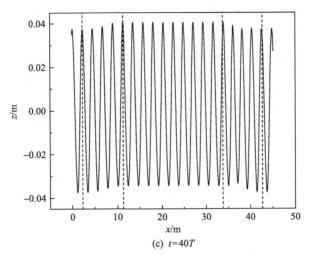

(c) $t=40T$

图 5-8　不同时刻计算域的波面（$h = 0.5\text{m}$，$H = 0.075\text{m}$，$T = 1.325\text{s}$，$u_c(z) = -0.1\text{ m/s}$）

5.2.1　波面分析

本小节利用非线性层析水波理论波流耦合模型计算均匀流中的规则波，将计算得到的波面与流函数波浪理论的波面结果进行对比，验证计算准确性。算例参数如表 5-1 所示。

首先，模拟无流算例 U1 即 $u_c(z)$=0m/s 时的波面。无流情况下的非线性波流耦合模型的波面结果和流函数波浪理论的结果对比如图 5-9 所示，同时展示了

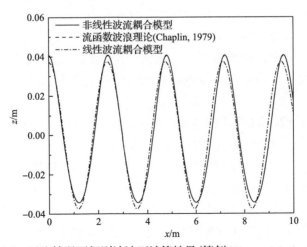

图 5-9　无流情况下规则波波面计算结果（算例 U1，$u_c(z)$=0m/s）

线性波流耦合模型的结果用于对比。

从图 5-9 中可以看出，无流（$u_c(z)$=0m/s）情况下，非线性波流耦合模型的波面计算结果与流函数波浪理论结果吻合得很好。相比于线性结果，非线性波流耦合模型计算的规则波波峰和波谷位置抬升，形成尖峰坦谷的波形。另外，通过对比线性和非线性波流耦合模型的波长可以看出，非线性波流耦合模型计算得到的波长大于线性波流耦合模型的波长。

然后，对逆流算例 U2 即 $u_c(z)$=−0.1m/s 时的波面进行模拟。图 5-10 展示了非线性波流耦合模型计算得到的逆流下规则波的波面。

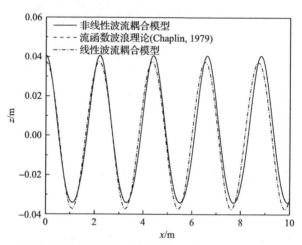

图 5-10　逆流情况下规则波波面计算结果（算例 U2，$u_c(z)$=−0.1m/s）

从图 5-10 中可以看出，逆向均匀流（$u_c(z)$=−0.1m/s）情况下，非线性波流耦合模型的计算结果与流函数波浪理论的结果一致。图中也给出了线性波流耦合模型的结果用于对比，结果表明，与无流情况类似，逆流情况下非线性波流耦合模型计算得到的波峰和波谷位置有所抬升，因此波峰和波谷的位置不再互为相反数。

最后，模拟计算顺流算例 U3 即 $u_c(z)$=0.1m/s 的规则波波面。顺流时，非线性波流耦合模型计算得到的波面如图 5-11 所示。

从图 5-11 中可以看出，顺向均匀流（$u_c(z)$=0.1m/s）情况下，非线性和线性波流耦合模型的波面计算结果依旧有一定差别，非线性波流耦合模型的波面计算结果与流函数波浪理论的波面结果吻合得很好。从而完成了对非线性层析水波理论波流耦合模型及其算法在规则波与均匀流耦合问题上的波面验证。

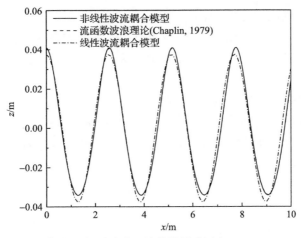

图 5-11 顺流情况下规则波波面计算结果（算例 U3，$u_c(z)=0.1\text{m/s}$）

5.2.2 速度场分析

本小节给出非线性波流耦合模型计算得到的波峰下水平速度的结果，将其与流函数波浪理论的结果进行对比，并给出线性波流耦合模型下的结果做参考，以便验证计算的准确性。

首先，模拟计算无流算例 U1 即 $u_c(z)=0\text{m/s}$ 时的波峰下水平速度。非线性波流耦合模型的结果和流函数波浪理论结果的对比如图 5-12 所示。

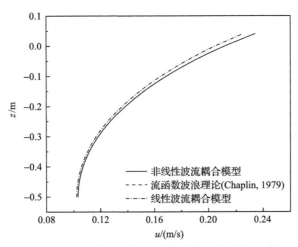

图 5-12 无流情况下规则波波峰下水平速度计算结果（算例 U1，$u_c(z)=0\text{m/s}$）

从图 5-12 中可以看出，无流情况下，非线性波流耦合模型计算得到的波峰下水平速度曲线与流函数波浪理论的波峰下水平速度曲线吻合得很好，二者完全重合。相比于线性波流耦合模型结果,非线性波流耦合模型计算得到的波峰下水平速度更大。$z=-0.5m$ 时,线性和非线性波流耦合模型计算得到的波峰下水平速度大小是差不多的,但是随着 z 的增大,二者计算得到的速度之间的差距也在增大。

然后,利用非线性波流耦合模型对逆流算例 U2 即 $u_c(z)=-0.1m/s$ 时的波峰下水平速度进行计算。图 5-13 展示了非线性波流耦合模型计算得到的逆流下规则波的波峰下水平速度,同时也展示了流函数波浪理论和线性波流耦合模型的结果用于对比。

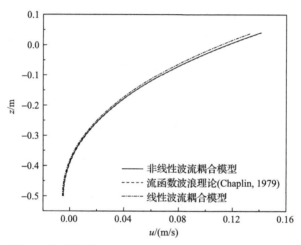

图 5-13 逆流情况下规则波波峰下水平速度计算结果(算例 U2,$u_c(z)=-0.1m/s$)

从图 5-13 中可以看出,逆向均匀流情况下,非线性波流耦合模型的计算结果与流函数波浪理论的结果一致,二者计算得到的速度曲线几乎完全重合。并且与无流情况类似,逆流情况下,相比于线性波流耦合模型结果,非线性波流耦合模型计算得到的波峰下水平速度更大,并且二者计算得到的波峰下水平速度之间的差距也是随着 z 的增大而增加的。

最后,计算顺流算例 U3 即 $u_c(z)=0.1m/s$ 时的波峰下水平速度。非线性波流耦合模型的波峰下水平速度计算结果如图 5-14 所示,同样给出了线性波流耦合模型和流函数波浪理论的结果以便进行对比分析。

从图 5-14 中可以看出,顺向均匀流情况下,非线性波流耦合模型的波峰下水平速度计算结果与流函数波浪理论的结果吻合得很好。非线性和线性波流耦合模型的波峰下水平速度计算结果有一定差别,非线性波流耦合模型下计算得到的速度更大些。同无流和逆流情况下一致的是,线性和非线性波流耦合模型计算得到的水平速度之间的差距也是随着 z 的增加而增大的。但不同的是,与无流情况下相比，顺流情况下的这种差距是更大的。

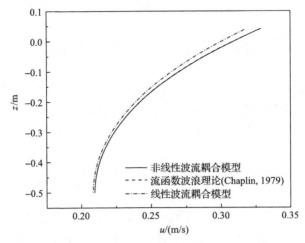

图 5-14　顺流情况下规则波波峰下水平速度计算结果（算例 U3，$u_c(z)=0.1\text{m/s}$）

通过将非线性波流耦合模型计算结果与流函数波浪理论的结果对比，证明了非线性波流耦合模型可以准确模拟均匀流中规则波的波面和速度场。同时，非线性波流耦合模型结果与线性波流耦合模型结果有一定差别，表明线性波流耦合模型不能准确描述均匀流中的规则波。

第6章 规则波与线性剪切流相互作用数值模拟

本章对规则波与线性剪切流相互作用时的波速、波面和速度场进行数值模拟。本章首先利用线性波流耦合模型模拟线性剪切流中规则波,之后利用非线性波流耦合模型模拟线性剪切流中规则波。

6.1 基于线性波流耦合模型的线性剪切流中规则波研究

本节利用线性层析水波理论波流耦合模型对线性剪切流中的规则波进行模拟,并将结果与线性波浪理论的结果进行对比,给出无流情况下的数值模拟结果做参考,以验证分析线性波流耦合模型的准确性。

6.1.1 波速分析

本小节采用线性层析水波理论波流耦合模型计算线性剪切流中规则波的波速,并将其与线性波浪理论的波速进行对比。选取水深为 $h=0.5\mathrm{m}$,波高为 $H=0.075\mathrm{m}$,这与第 5 章所选取的参数值一样。但是本章中选取的背景流为线性剪切流,逆流的流速为 $u_\mathrm{c}=-0.1-0.2z$,顺流的流速为 $u_\mathrm{c}=0.1+0.2z$。即本章选取的参数值,除了背景流速外,其他参数值与第 5 章完全一致,因此无流情况下的结果和第 5 章完全一样,这里不再重复,直接用无流情况下的结果进行对比分析。另外需要指出的是,根据本章选取的两种线性剪切流的表达式可以看出来,其在水面处流速最大,在海底处流速为 0。数值模拟时,通过改变周期,进而改变色散性,得到线性剪切流中不同色散性的规则波的波速。

这里以第三级别($K=3$)模型为例,展示线性波流耦合模型的计算结果,波速对比如图 6-1 所示,图中用 $c/\sqrt{gh}$ 表示无因次化的波速,用横轴 kh 描述波浪色散性。另外,也给出了无流下的波速计算结果用于对比。

图 6-1(a)和图 6-1(b)分别为逆流情况下($u_\mathrm{c}=-0.1-0.2z$)和顺流情况下($u_\mathrm{c}=0.1+0.2z$)数值模拟的线性剪切流下线性模型的波速计算结果。从图中可以看出,在线性剪切流情况下,线性波流耦合模型的波速计算结果和线性波浪理论的波速结果吻合得很好。图 6-1 表明在线性剪切流条件下,波速是随着波浪色散性的增强而减小的,并且,色散性越强,波速减小得越慢。通过对比图 6-1(a)和图 6-1(b)可以明显看出来,对于相同的波浪色散性(即 kh 的值相同),逆流、

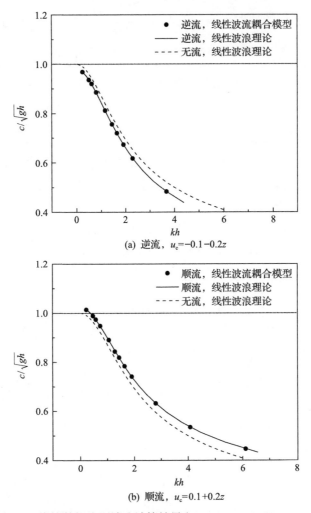

图 6-1　线性剪切流下波速计算结果（$h=0.5\text{m}$，$H=0.075\text{m}$）

无流、顺流三种情况下对应的波速的大小关系为：逆流情况下的波速<无流情况下的波速<顺流情况下的波速。此外，图 6-1 还表明 kh 越大，背景流对速度的改变越明显。以上结果表明，对于图 6-1 中包含的各种色散性的规则波，线性波流耦合模型都能准确计算得到线性剪切流中规则波的波速。

6.1.2　波面分析

本小节给出线性层析水波理论波流耦合模型计算得到的线性剪切流中规则波的波面结果，并将其与线性波浪理论的波面结果进行对比，验证计算准确性。算例参数如表 6-1 所示。注意，表 6-1 并未给出无流情况下的参数值，因其与第 5

章无流情况下参数值的选取一致，故直接参考表 5-1 中算例 U1 的参数值即可。

表 6-1　线性剪切流中规则波的算例参数

算例	h/m	H/m	T/s	u_c/(m/s)
L1	0.5	0.075	1.325	$-0.1-0.2z$
L2	0.5	0.075	1.325	$0.1+0.2z$

算例中水深 h 为 0.5m，波高 H 为 0.075m，周期 T 为 1.325s。算例包含逆流和顺流两种情况，流速分别为 $u_c=-0.1-0.2z$ 和 $u_c=0.1+0.2z$，这两种流在海面流速最大，在海底流速为 0。

首先，对逆流算例 L1 即 $u_c=-0.1-0.2z$ 时的波面进行模拟计算。图 6-2 展示了线性波流耦合模型计算得到的逆流下规则波的波面。

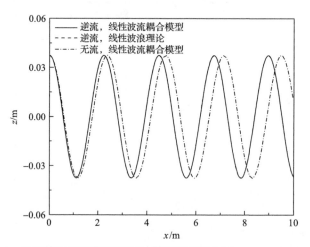

图 6-2　逆流情况下规则波波面计算结果（算例 L1，$u_c=-0.1-0.2z$）

从图 6-2 中可以看出，逆向线性剪切流（$u_c=-0.1-0.2z$）情况下，线性波流耦合模型的计算结果与线性波浪理论的结果一致。图中给出了无流情况下的波面结果，用于展示逆流和无流情况下波面的差别。相比于无流情况，逆流情况下波面的传播更慢，并且该现象在横坐标 x 值越大时越明显，即波面传播得越远，越容易看出逆流和无流情况下波面的差别。此外，从图中可以明显看出，波峰和波谷是互为相反数的。

然后，计算顺流算例 L2 即 $u_c=0.1+0.2z$ 时的波面。顺流时，线性波流耦合模型的波面计算结果如图 6-3 所示。

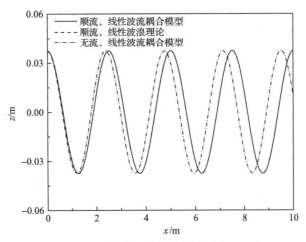

图 6-3　顺流情况下规则波波面计算结果（算例 L2，$u_c=0.1+0.2z$）

从图 6-3 中可以看出，顺流（$u_c=0.1+0.2z$）情况下，线性波流耦合模型计算得到的波面结果也与线性波浪理论的波面结果吻合得很好。图中同样给出了无流情况下的波面结果以做对比。相比于无流情况，顺流情况下波面传播得更快，同样是在越远的位置，观察到的差别越明显。并且波峰与波谷是互为相反数的，这与图 6-2 中的结论一致。从而完成了对线性层析水波理论波流耦合模型及其算法在规则波与线性剪切流耦合问题上的波面验证。

6.1.3　速度场分析

本小节给出线性波流耦合模型计算得到的波峰下水平速度的结果，将其与线性波浪理论的结果进行对比，并给出无流情况下的结果做参考，以验证计算的准确性。

首先，利用线性波流耦合模型对逆流算例 L1 即 $u_c=-0.1-0.2z$ 时的波峰下水平速度进行计算。图 6-4 展示了线性波流耦合模型计算得到的逆流情况下规则波的波峰下水平速度。

从图 6-4 中可以看出，逆向线性剪切流情况下，线性波流耦合模型的计算结果与线性波浪理论的结果一致。图中同样给出了无流情况下的波峰下水平速度计算结果。相比于无流情况，逆流使波峰下水平速度减小。在算例设置的线性剪切流条件下，相比于海底，水面处速度的减小更明显。并且，图 6-4 表明当背景流为线性剪切流时，逆流情况下，波峰下水平速度随着 z 的增大是先减小再增大，速度变化呈抛物线形变化，这与无流情况及逆向均匀流情况下（参见图 5-6）的速度变化是有很大不同的，这两种情况下的水平速度都是随着 z 的增大而非线性增加的。

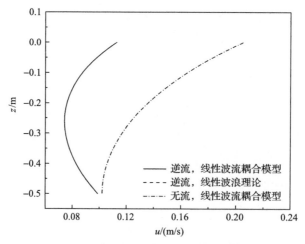

图 6-4　逆流情况下规则波波峰下水平速度计算结果（算例 L1，$u_c = -0.1 - 0.2z$）

然后，模拟计算顺流算例 L2 即 $u_c = 0.1 + 0.2z$ 时的波峰下水平速度。线性波流耦合模型的计算结果如图 6-5 所示。

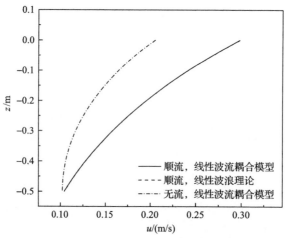

图 6-5　顺流情况下规则波波峰下水平速度计算结果（算例 L2，$u_c = 0.1 + 0.2z$）

从图 6-5 中可以看出，顺向线性剪切流（$u_c = 0.1 + 0.2z$）情况下，线性波流耦合模型的波峰下水平速度计算结果也与线性波浪理论的结果吻合得很好。顺流情况下的水平速度比无流情况下的水平速度要大，与逆流情况类似，虽然海底处背景流速度为 0，但波流相互作用同样导致了海底处的速度变化。且在算例设置的线性剪切流条件下，水面处速度的增加比海底处更明显。另外，图 6-5 表明顺流情况下的水平速度随着 z 的增大接近线性增大。结合图 6-4 对比观察，很容易得到逆流、无流、顺流情况下波峰下水平速度大小关系为：逆流情况下的水平速度<无流情况下的水平速度<顺流情况下的水平速度，且描述速度变化的曲线形式差别很大，而在均匀流情况下，即图5-6和图5-7，波峰下水平速度曲线的形式改变不大。

通过以上对比分析可知，线性层析水波理论波流耦合模型可以准确计算得到线性剪切流中规则波的波面和速度场的耦合结果。

6.2 基于非线性波流耦合模型的线性剪切流中规则波研究

本节采用非线性层析水波理论波流耦合模型模拟线性剪切流中的规则波，并将波面、速度场结果与 Dalrymple(1974)提出的稳态解对比，给出线性波流耦合模型的结果做参考，验证非线性波流耦合模型计算的准确性。

6.2.1 波面分析

本节利用非线性层析水波理论波流耦合模型计算线性剪切流中的规则波，将得到的波面与 Dalrymple(1974)提出的稳态解进行对比。算例参数见表6-1。

首先，模拟计算逆流算例 L1 即 $u_c=-0.1-0.2z$ 时的波面。图6-6展示了非线性波流耦合模型计算得到的逆流情况下规则波的波面，同时给出了稳态解的结果用于对比。

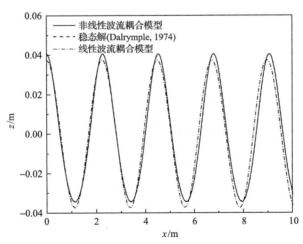

图6-6 逆流情况下规则波波面计算结果(算例 L1, $u_c=-0.1-0.2z$)

从图6-6中可以看出，逆向线性剪切流($u_c=-0.1-0.2z$)情况下，非线性模型的计算结果与 Dalrymple(1974)的稳态解吻合得很好。图中还给出逆流情况下，线性波流耦合模型的波面计算结果，用于展示非线性波流耦合模型和线性波流耦合模型波面计算结果的差别。逆流时，非线性波流耦合模型计算的波长比线性波流耦合模型的波长更长。相比于线性波流耦合模型，非线性波流耦合模型模拟得到的波峰和波谷的位置更高一些，即非线性波流耦合模型比线性波流耦合模型得到的波面在垂直方向上有所抬升。另外，线性波流耦合模型得到的波峰和波谷的尖锐程度是一致的，而从图 6-6 中可明显看出，非线性波流耦合模型得到的波峰比线性波流耦合模型得到的波峰更尖锐，波谷比线性波流耦合模型得到的波谷更平坦，这进一步验证了非线性波流耦合模型下得到的波面是尖峰坦谷的。此外，由波面的传播还可以得到，非线性波流耦合模型得到的波面的传播速度要快于线性模型的结论。

然后，模拟计算顺流算例 L2 即 $u_c=0.1+0.2z$ 时的波面。非线性波流耦合模型的波面计算结果如图 6-7 所示，同时也给出了顺流情况下线性波流耦合模型的波面计算结果。

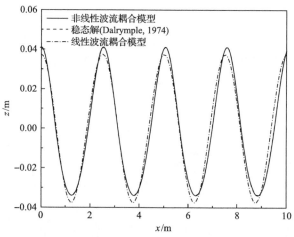

图 6-7　顺流情况下规则波波面计算结果（算例 L2，$u_c=0.1+0.2z$）

从图 6-7 中可以看出，顺流（$u_c=0.1+0.2z$）情况下，非线性波流耦合模型的波面计算结果与稳态解吻合得很好。并且与逆流情况下（图 6-6）有相同的结论：相比于线性波流耦合模型，非线性波流耦合模型计算得到的波面位置有所抬升，波面是尖峰坦谷的，且传播速度更快。对比逆流情况下和顺流情况下，即图 6-6 和图 6-7 中非线性波流耦合模型得到的波峰和波谷的位置可以发现：在当前的横坐标范围内，顺流情况下的波长明显大于逆流情况下的波长，即顺流情况下的波数更小。

6.2.2 速度场分析

本小节给出非线性波流耦合模型计算得到的波峰下水平速度的结果，将其与 Dalrymple(1974)的稳态解进行对比，并给出线性波流耦合模型得到的波峰下水平速度的结果做参考，验证计算的准确性。

首先，对逆流算例 L1 即 $u_c = -0.1 - 0.2z$ 时的波峰下水平速度进行模拟计算。图 6-8 展示了非线性波流耦合模型计算得到的波峰下水平速度，同时也展示了稳态解和线性波流耦合模型的结果用于验证和对比。

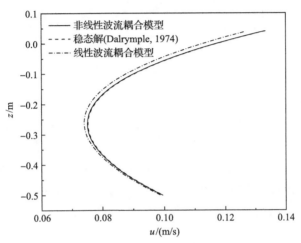

图 6-8 逆流情况下规则波波峰下水平速度计算结果(算例 L1，$u_c = -0.1 - 0.2z$)

从图 6-8 中可以看出，逆向线性剪切流($u_c = -0.1 - 0.2z$)情况下，非线性波流耦合模型的计算结果与 Dalrymple(1974)的稳态解吻合得很好，并且随着 z 的增加，水平速度是先减小后增大的，呈抛物线形。此外，图 6-8 表明非线性波流耦合模型计算得到的水平速度要比线性波流耦合模型计算得到的水平速度大，但是这种现象在海底($z = -0.5\text{m}$)并不明显，而在自由表面($z = 0.05\text{m}$ 左右)是非常明显的。

然后，计算顺流算例 L2 即 $u_c = 0.1 + 0.2z$ 时的波峰下水平速度。非线性波流耦合模型、稳态解和线性波流耦合模型的波峰下水平速度结果如图 6-9 所示。

从图 6-9 中可以看出，顺流($u_c = 0.1 + 0.2z$)情况下，非线性波流耦合模型的波峰下水平速度计算结果与稳态解吻合得很好，并且与逆流情况(图 6-8)下相同的是，相比于线性波流耦合模型的计算结果，非线性波流耦合模型计算得到的波峰下水平速度更大，该结论同样是在自由表面($z = 0.05\text{m}$ 左右)要比在海底($z = -0.5\text{m}$)明显得多。其根本原因在于我们选取的背景流的表达式，本节选取

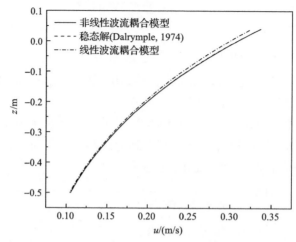

图 6-9 顺流情况下规则波波峰下水平速度计算结果(算例 L2,$u_c=0.1+0.2z$)

的背景流在海底流速为 0,而在水面处最大。故根据图像分析可知,背景流速越大,非线性与线性波流耦合模型计算得到的波峰下水平速度之间的差距越大。此外,与逆流情况(图 6-8)下不同的是,水平速度是随着 z 的增大而一直增大的。

通过以上对比分析,证明了非线性波流耦合模型可以准确模拟线性剪切流中的规则波。通过非线性波流耦合模型结果与线性波流耦合模型结果的对比,表明线性波流耦合模型计算不够准确,利用非线性波流耦合模型模拟计算是必要的。

第 7 章 规则波与非线性剪切流相互作用数值模拟

在使用层析水波理论波流耦合模型模拟规则波与非线性剪切流相互作用时，需要输入背景流速度系数 u_{cn}。对于表达式为多项式形式的非线性剪切流，直接输入对应的背景流速度系数。若背景流不为多项式形式（如 e 指数形式 $u_c = e^z$），则先利用最小二乘法，得到拟合的多项式形式，再输入对应的背景流速度系数。本章首先利用线性波流耦合模型模拟非线性剪切流中的规则波，之后利用非线性波流耦合模型模拟非线性剪切流中的规则波。

7.1 基于线性波流耦合模型的非线性剪切流中规则波研究

本节利用线性层析水波理论波流耦合模型模拟非线性剪切流中的规则波，将结果与线性波浪理论结果的对比，给出无流情况下的结果做参考，验证线性波流耦合模型计算的准确性。

7.1.1 波速分析

本小节采用线性层析水波理论波流耦合模型计算非线性剪切流中规则波的波速，并将其与线性波浪理论的波速进行对比。算例的水深 h 为 0.5m，非线性剪切流为二次剪切流形式，流速为 $u_c(z)=\pm 0.1(1+2z)^2$，其中 $u_c(z)=-0.1(1+2z)^2$ 表示逆流，$u_c(z)=0.1(1+2z)^2$ 表示顺流。通过改变周期，调整色散性，计算非线性剪切流中不同色散性的规则波的波速。这里以第三级别（$K=3$）模型为例展示计算结果，波速对比如图 7-1 所示。图中也展示了无流情况下线性波浪理论的波速结果。

图 7-1(a) 和图 7-1(b) 分别展示了水深参数 $h=0.5$m、波高参数 $H=0.075$m 时，逆向非线性剪切流和顺向非线性剪切流情况下线性模型的波速计算结果。从图中可以看出，非线性剪切流情况下，线性波流耦合模型计算得到的波速结果和线性波浪理论的波速结果吻合得很好。将逆流、顺流情况下的波速与无流情况下的波速对比发现，相比于无流情况下的波速，逆流情况下的波速更小，而顺流情况下的波速更大，并且色散性越强，这种现象越明显，表明背景流对

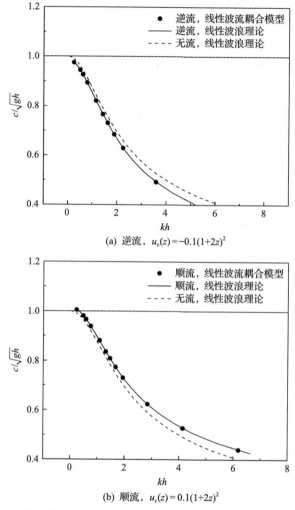

图 7-1 非线性剪切流下波速计算结果（$h=0.5\text{m}$，$H=0.075\text{m}$）

速度的改变越明显。

7.1.2 波面分析

本小节采用线性层析水波理论波流耦合模型模拟非线性剪切流中的规则波，展示规则波的波面结果，并与线性波浪理论结果对比。

Yang 等（2022）采用深度积分模型模拟计算了规则波与非线性剪切流相互作用，本小节先用线性层析水波理论波流耦合模型模拟计算 Yang 等（2022）的算例，算例参数如表 7-1 所示。

第 7 章 规则波与非线性剪切流相互作用数值模拟

表 7-1 非线性剪切流中规则波的算例参数

算例	h/m	H/m	T/s	u_c/(m/s)
N1	1	0.188	2	$-0.407\sin[\pi(z+1)]$
N2	1	0.18	2	$0.407\sin[\pi(z+1)]$
N3	200	6.124	10	$2e^{0.02z}$

考虑表 7-1 中的算例 N1 和 N2。这两个算例的非线性剪切流为正弦函数形式，顺、逆流形式相同，方向相反。由于非线性剪切流不为多项式形式，在计算前应用最小二乘法，用高阶多项式对正弦函数流进行拟合。

采用四次多项式拟合正弦形式的非线性剪切流，顺流算例 N2 的拟合多项式为

$$u_c(z) = 0.0004591 - 1.258z + 0.2146z^2 + 2.9452z^3 + 1.4726z^4 \tag{7-1}$$

正弦形式非线性剪切流的拟合结果如图 7-2 所示。

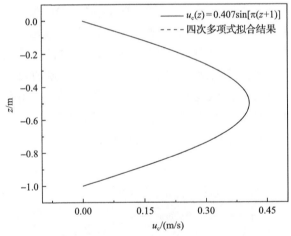

图 7-2 正弦形式非线性剪切流 $u_c = 0.407\sin[\pi(z+1)]$ 的拟合结果

从图 7-2 中可以看出，四次多项式可以精确表示正弦形式非线性剪切流沿垂向的变化。顺流的流速沿水深方向先增大再减小，在海底 ($z=-1$) 和静水面（海面）($z=0$) 处，非线性剪切流速度为 0。

由于逆流和顺流为同一正弦函数形式，只是方向相反，逆流算例 N1 的背景流拟合多项式可表示为

$$u_c(z) = -0.0004591 + 1.258z - 0.2146z^2 - 2.9452z^3 - 1.4726z^4 \tag{7-2}$$

首先，模拟正弦形式非线性剪切流的逆流算例 N1 即 $u_c(z) = -0.407\sin[\pi(z+1)]$。

逆流情况下，线性波流耦合模型的波面结果如图 7-3 所示。

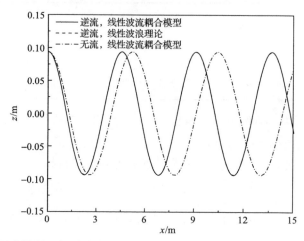

图 7-3 逆流情况下规则波波面计算结果（算例 N1，$u_c = -0.407\sin[\pi(z+1)]$）

从图 7-3 中可以看出，逆流（$u_c = -0.407\sin[\pi(z+1)]$）情况下，线性波流耦合模型结果和线性波浪理论结果吻合得很好，波面曲线是完全重合的。但逆流波面和无流波面有很大差别。相比于无流情况下的波面，逆流情况下波面传播得较慢，且波峰和波谷较无流情况下更尖锐一些，表明逆流对于波的传播而言，有类似于沿横坐标 x 方向挤压波的作用，即对波的传播起到阻碍的作用。

然后，考虑正弦形式非线性剪切流的顺流算例 N2 即 $u_c = 0.407\sin[\pi(z+1)]$。顺流情况下，线性波流耦合模型的波面结果如图 7-4 所示。图中也展示了无流情况下的波面结果。

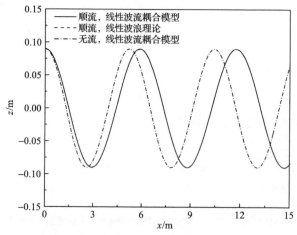

图 7-4 顺流情况下规则波波面计算结果（算例 N2，$u_c = 0.407\sin[\pi(z+1)]$）

从图 7-4 可以看出，顺流（$u_c = 0.407\sin[\pi(z+1)]$）情况下，线性波流耦合模型的波面计算结果同样和线性波浪理论结果吻合得很好。相比于无流情况下的波面，顺流情况下的波长有增加，且波面传播得更快，波峰和波谷更平坦一些，这表明顺向非线性剪切流对于规则波的影响，类似于沿横坐标 x 方向拉伸波，即对波的传播起到促进的作用。注意，这里不能直接将逆流情况下的波面（图 7-3）和顺流情况下的波面（图 7-4）做对比分析，这两个算例选取的波高值是不同的，并不是单纯的流速变量不同。

最后，考虑表 7-1 中的算例 N3，$u_c = 2e^{0.02z}$。该算例为顺流算例，非线性剪切流为指数形式。同样应用最小二乘法，用高阶多项式进行拟合。采用四次多项式的拟合结果为

$$u_c(z) = \sqrt{gh}\left[0.04489 - 0.1714(z/h) + 0.2872(z/h)^2 + 0.2379(z/h)^3 + 0.07825(z/h)^4\right]$$
(7-3)

指数形式非线性剪切流的拟合结果如图 7-5 所示。

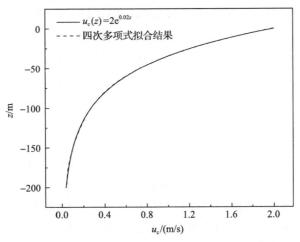

图 7-5　指数形式非线性剪切流 $u_c = 2e^{0.02z}$ 的拟合结果

从图 7-5 中可以看出，四次多项式拟合结果与此指数形式的非线性剪切流吻合得很好。两条速度曲线几乎是完全重合的。此外，此非线性剪切流的流速沿水深方向是逐渐减小的。在海底的速度是趋近于 0 的，但是由背景流流速的表达式及指数的性质可知，其不会完全等于 0。

指数形式的非线性剪切流算例 N3 即 $u_c = 2e^{0.02z}$ 时，线性波流耦合模型的波面结果如图 7-6 所示，同时也展示了线性波浪理论的波面计算结果和无流情况下

的波面计算结果。

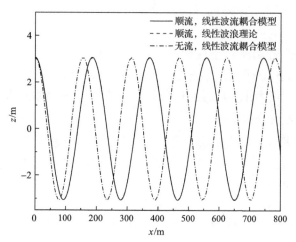

图 7-6 顺流情况下规则波波面计算结果(算例 N3，$u_c = 2e^{0.02z}$)

从图 7-6 中可以看出，指数形式的非线性剪切流($u_c = 2e^{0.02z}$)情况下，线性波流耦合模型结果和线性波浪理论结果吻合得很好。相比于无流情况下，顺流情况下的波长增加，波面传播得更快，并且同顺流正弦形式的非线性剪切流条件下的波面有相同的结论，即波峰和波谷更平坦，剪切流对波的传播起到促进的作用。这表明，对于任意函数形式的背景流，线性波流耦合模型数值模拟得到的关于规则波波面的结论具有普适性。

7.1.3 速度场分析

本小节采用线性层析水波理论波流耦合模型模拟计算非线性剪切流中规则波的波峰下水平速度，并将其与线性波浪理论结果对比。

首先，利用线性波流耦合模型模拟正弦形式非线性剪切流的逆流算例 N1 即 $u_c(z) = -0.407\sin[\pi(z+1)]$ 时的波峰下水平速度的计算结果如图 7-7 所示。图中还给出了逆流情况下线性波浪理论的结果及无流情况下的计算结果。

从图 7-7 中可以看出，正弦形式逆向非线性剪切流即 $u_c = -0.407\sin[\pi(z+1)]$ 情况下，线性波流耦合模型的波峰下水平速度计算结果和线性波浪理论结果吻合，线性模型的计算结果准确。此外，无流情况下，波峰下水平速度沿水深方向(即 z 轴负向)逐渐减小，且变化缓慢，而逆流情况下，线性波流耦合模型计算得到的水平速度沿水深方向是先减小后增大的，且变化较大。

然后，正弦形式非线性剪切流的顺流算例 N2 即 $u_c(z) = 0.407\sin[\pi(z+1)]$ 时的波峰下水平速度结果如图 7-8 所示。图中给出了顺流情况下线性波流耦合模型和线性波浪理论的结果，也给出了无流情况下的线性波流耦合模型计算结果。

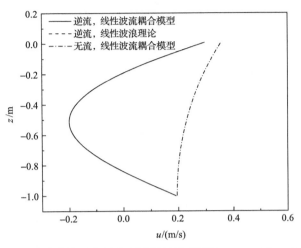

图 7-7　逆流情况下规则波波峰下水平速度计算结果（算例 N1，$u_c(z) = -0.407\sin[\pi(z+1)]$）

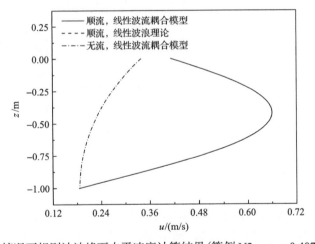

图 7-8　顺流情况下规则波波峰下水平速度计算结果（算例 N2，$u_c = 0.407\sin[\pi(z+1)]$）

从图 7-8 中可以看出，顺流即 $u_c = 0.407\sin[\pi(z+1)]$ 情况下，线性波流耦合模型计算得到的波峰下水平速度结果和线性波浪理论结果吻合得很好。

最后，指数形式的非线性剪切流算例 N3 即 $u_c = 2e^{0.02z}$ 时的波峰下水平速度结果如图 7-9 所示，同时还给出了线性波流耦合模型和线性波浪理论的结果。

从图 7-9 中可以看出，当背景流取为 $u_c = 2e^{0.02z}$ 时，线性波流耦合模型的计算结果和线性波浪理论的结果吻合得很好。此算例水深很大，为深水波浪，因此无流条件下其在海底处的速度约为 0。指数形式的顺向非线性剪切流导致了水平速度的增加，且这种变化随着 z 的增加而更加明显。

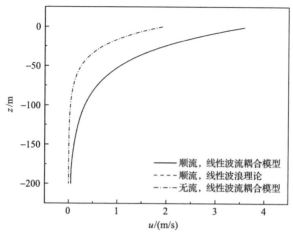

图 7-9 顺流情况下规则波波峰下水平速度计算结果(算例 N3，$u_c = 2e^{0.02z}$)

通过以上对比分析，证明了线性层析水波理论波流耦合模型可以准确计算得到非线性剪切流中规则波的波面和速度场的耦合结果。

7.2 基于非线性波流耦合模型的非线性剪切流中规则波研究

本节首先采用非线性层析水波理论波流耦合模型模拟算例 N1、N2 和 N3，并将结果与深度积分模型(Yang et al., 2022)的数值结果进行对比，验证非线性波流耦合模型的计算结果。在证明模型计算的准确性后，对比不同形式流中规则波的波面和速度场。

7.2.1 波面分析

本小节利用非线性层析水波理论波流耦合模型，计算非线性剪切流中规则波的波面。首先利用非线性波流耦合模型模拟逆流算例 N1 的波面，结果如图 7-10 所示。图中给出了非线性波流耦合模型、深度积分模型(Yang et al., 2022)和线性波流耦合模型的结果。

从图 7-10 中可以看出，正弦形式非线性剪切流的逆流 ($u_c = -0.407\sin[\pi(z+1)]$) 情况下，非线性波流耦合模型和深度积分模型(Yang et al., 2022)的波面计算结果吻合较好，两个模型得到的波面曲线几乎完全重合。图中还给出逆流情况下线性波流耦合模型的波面计算结果，非线性波流耦合模型和线性波流耦合模型波面计算结果差别明显。与线性波流耦合模型相比，非线性波流耦合模型的波峰波谷位置抬升，且波长增加。

然后利用非线性波流耦合模型计算得到的顺流算例 N2 即 $u_c = 0.407\sin[\pi(z+1)]$

的波面结果如图 7-11 所示。

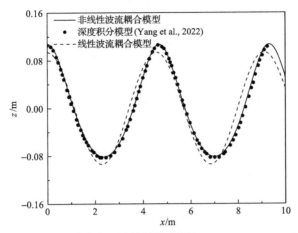

图 7-10　逆流情况下规则波波面计算结果（算例 N1，$u_c = -0.407\sin[\pi(z+1)]$）

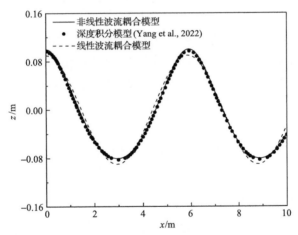

图 7-11　顺流情况下规则波波面计算结果（算例 N2，$u_c = 0.407\sin[\pi(z+1)]$）

从图 7-11 中可以看出，正弦形式非线性剪切流的顺流（$u_c = 0.407\sin[\pi(z+1)]$）情况下，非线性波流耦合模型结果和深度积分模型（Yang et al., 2022）的波面计算结果依旧吻合很好。线性波流耦合模型计算得到的波峰和波谷的值互为相反数，而非线性模型下，波峰和波谷的位置抬升较明显，尖峰坦谷的波形也更加明显。

最后利用非线性波流耦合模型模拟得到的顺流算例 N3 即 $u_c = 2e^{0.02z}$ 的波面结果如图 7-12 所示。

从图 7-12 中可以看出，指数形式顺流（$u_c = 2e^{0.02z}$）情况下，非线性波流耦合模型的结果和深度积分模型（Yang et al., 2022）的波面计算结果吻合很好。同样，与线性波流耦合模型计算得到的波面相比，非线性波流耦合模型得到的波

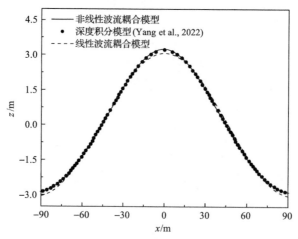

图 7-12　顺流情况下规则波波面计算结果(算例 N3，$u_c = 2\mathrm{e}^{0.02z}$)

峰和波谷位置抬升较明显。图 7-12 表明，在当前参数的选取下，计算得到的波长较大。

上面的比较证明了非线性层析水波理论波流耦合模型可以准确模拟非线性剪切流中规则波的波面。下面利用非线性层析水波理论波流耦合模型，计算并对比不同形式剪切流中规则波的波面，这部分的结果分析都是针对算例所设置的波流条件。

考虑线性剪切流 $u_c = U(1+z/h)$、二次剪切流 $u_c = U(1+z/h)^2$ 和三次剪切流 $u_c = U(1+z/h)^3$ 这三种形式的剪切流对规则波的影响。算例的参数如下：水深 $h = 0.5\mathrm{m}$，波高 $H = 0.075\mathrm{m}$，周期 $T = 1.325\mathrm{s}$；逆流时 $U = -0.1$，顺流时 $U = 0.1$。

首先，展示逆流情况下不同剪切流中规则波的波面结果，如图 7-13 所示。

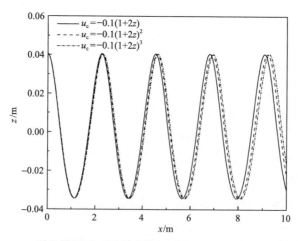

图 7-13　逆流情况下不同形式剪切流中的规则波波面计算结果

从图 7-13 中可以看出，在逆流 ($U = -0.1$) 情况下，当背景流为线性剪切流 $u_c = -0.1(1+2z)$ 时，规则波的波长最小；当背景流为三次剪切流 $u_c = -0.1(1+2z)^3$ 时，规则波的波长最大。此外，图 7-13 表明，对于波面的传播速度而言，三次剪切流波面速度＞二次剪切流波面速度＞线性剪切流波面速度，且在更远的横坐标位置处观察，该结论会更明显。对比三种背景流下波峰和波谷的位置可以发现其并未改变，即针对该算例，背景流并不明显影响波峰和波谷的垂向位置，而是影响波面的传播速度及波长的大小。

然后，展示顺流情况下规则波的波面结果，如图 7-14 所示。

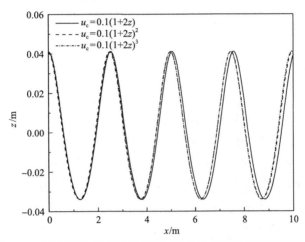

图 7-14　顺流情况下不同形式剪切流中的规则波波面计算结果

从图 7-14 中可以看出，顺流 ($U = 0.1$) 情况下，线性剪切流 $u_c = 0.1(1+2z)$ 下规则波的波长最大，二次剪切流 $u_c = 0.1(1+2z)^2$ 和三次剪切流 $u_c = 0.1(1+2z)^3$ 下规则波的波长差距很小。对比图 7-13 和图 7-14 可以看出，针对该算例，三种剪切流下，顺流和逆流得到的波峰、波谷的垂向位置几乎是一样的，但顺流情况得到的波长比逆流情况的波长要大一些，即与逆流情况下的波面相比，顺流有类似于拉伸波的作用。

7.2.2　速度场分析

本小节利用非线性层析水波理论波流耦合模型，计算非线性剪切流中规则波的波峰下水平速度。对于表 7-1 中正弦形式流的算例，由于深度积分模型（Yang et al., 2022）只给出了逆流算例 N1 的波峰下水平速度，这里只展示逆流算例 N1 的结果。逆流算例 N1 的波峰下水平速度计算结果如图 7-15 所示，同时也展示了线性波流耦合模型的计算结果。

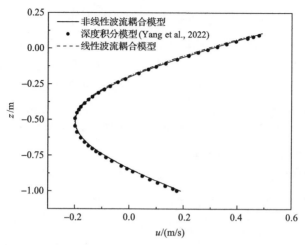

图 7-15　逆流情况下规则波波峰下水平速度结果(算例 N1，$u_c=-0.407\sin[\pi(z+1)]$)

从图 7-15 中可以看出，正弦形式逆向非线性剪切流($u_c=-0.407\sin[\pi(z+1)]$)情况下，非线性波流耦合模型结果和深度积分模型(Yang et al., 2022)结果吻合得很好，当 $z>-0.5$ 时，两个模型得到的波峰下水平速度曲线是完全重合的。另外，图中还给出了线性波流耦合模型的结果用于对比。从图中可以看出，在自由表面处，线性模型和非线性模型得到的水平速度有较小区别；而在 $z<-0.5$ 时，两个模型得到的速度几乎是一致的。

指数形式非线性剪切流算例 N3 即 $u_c=2e^{0.02z}$ 的计算结果如图 7-16 所示，横轴为 $u-u_c$，表示波峰下水平速度 u 减非线性剪切流的流速 u_c 的值。

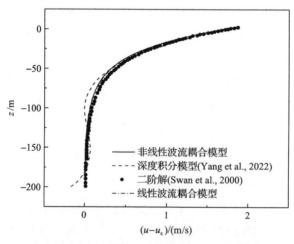

图 7-16　顺流情况下规则波波峰下水平速度结果(算例 N3，$u_c=2e^{0.02z}$)

Yang 等(2022)还使用 Swan 等(2000)的二阶解计算了波峰下水平速度，图 7-16

第 7 章 规则波与非线性剪切流相互作用数值模拟

中也展示了这些结果。从图中可以看出来，线性波流耦合模型(曲线与非线性模型的重合)、非线性波流耦合模型、二阶解得到的波峰下水平速度沿水深方向(z轴负向)是逐渐减小的，而深度积分模型是先减小再增大后再减小的。此外，非线性层析水波理论波流耦合模型的计算结果与 Swan 等(2000)的二阶解吻合较好，而深度积分模型(Yang et al., 2022)的结果与非线性模型结果以及二阶解有一定差别，可能深度积分模型计算结果未收敛。

前面给出了线性剪切流 $u_c = U(1+z/h)$、二次剪切流 $u_c = U(1+z/h)^2$ 和三次剪切流 $u_c = U(1+z/h)^3$ 下规则波的波面结果。这里计算波峰下水平速度。算例参数与前文相同：$h = 0.5\text{m}$，$H = 0.075\text{m}$，$T = 1.325\text{s}$；逆流为 $U = -0.1$，顺流为 $U = 0.1$。这部分的结果分析都是针对算例设置的条件。

逆流时，波峰下水平速度的结果如图 7-17 所示。

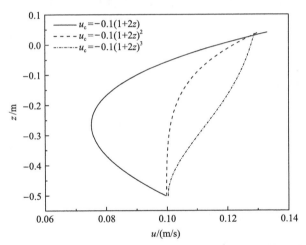

图 7-17 逆流情况下不同形式剪切流中的规则波波峰下水平速度计算结果

从图 7-17 中可以看出，逆流 ($U = -0.1$) 情况下，在大部分垂向位置处，线性剪切流 $u_c = -0.1(1+2z)$ 时的波峰下水平速度最小，三次剪切流 $u_c = -0.1(1+2z)^3$ 时的波峰下水平速度最大。此外，图 7-17 表明，当背景流为线性剪切流时，规则波的波峰下水平速度是先减小后增大的，但海底处的速度还是要小于自由表面处的。而当背景流为二次或三次剪切流时，波峰下水平速度都只是减小，不同之处在于二次剪切流明显是非线性减小的，而三次剪切流是接近线性减小的。

顺流时，波峰下水平速度的结果如图 7-18 所示。

从图 7-18 中可以看出，顺流 ($U = 0.1$) 情况下，在大部分垂向位置处，线性剪切流 $u_c = 0.1(1+2z)$ 时的波峰下水平速度最大，三次剪切流 $u_c = 0.1(1+2z)^3$ 时的波峰下水平速度最小。这与逆流情况下(图 7-17)的结论正好相反。

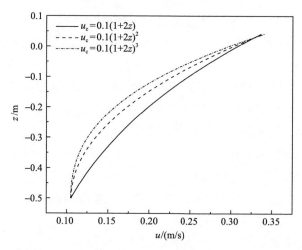

图 7-18　顺流情况下不同形式剪切流中的规则波波峰下水平速度计算结果

第8章 不规则波与背景流相互作用数值模拟

海洋中的波浪受风等复杂因素的影响，通常呈现出高度不规则的现象，因此实际海洋中的海浪常见为不规则波。以不规则波的形式研究波浪，能更准确地描述实际海洋中的波浪。不规则波没有周期性，人们通常用波浪谱来描述不规则波。本章考虑二维长峰不规则波，首先介绍线性波浪理论中各种背景流中不规则波的波面和速度，之后利用线性层析水波理论波流耦合模型模拟不规则波与背景流相互作用，最后利用非线性层析水波理论波流耦合模型模拟背景流中的不规则波。

8.1 不规则波与背景流相互作用的线性波浪理论

线性波浪理论中，不规则波可以视为多个规则波的线性叠加。在线性波浪理论下，背景流中不规则波的波面为

$$\eta = \sum_{i=1}^{N_{\mathrm{w}}} a_i \cos(k_i x - \omega_i t + \varphi_i) \tag{8-1}$$

速度场为

$$u = u_{\mathrm{c}} + \sum_{i=1}^{N_{\mathrm{w}}} \left[u_1 \cos(k_i x - \omega_i t + \varphi_i) \right]$$
$$w = \sum_{i=1}^{N_{\mathrm{w}}} \left[w_1(z) \sin(k_i x - \omega_i t + \varphi_i) \right] \tag{8-2}$$

其中，a_i、k_i、ω_i 和 φ_i 分别为各单色波的波幅、波数、圆频率和相位。注意色散关系使用有流时的色散关系式。波面为 N_{w} 个规则波相加。速度分为两部分，一部分是背景流 u_{c}，另一部分是 N_{w} 个规则波的波动速度相加。

对于第 i 个单色波，在确定其圆频率 ω_i 后，通过波浪谱可以计算得到能量谱密度 $S(\omega_i)$，波幅 a_i 可表示为

$$a_i = \sqrt{2S(\omega_i)\Delta\omega_i} \tag{8-3}$$

其中，$\Delta\omega_i$ 为 ω_i 处的圆频率间隔。

8.2 均匀流中不规则波的数值模拟

本节利用层析水波理论波流耦合模型,模拟不规则波与均匀流的相互作用,考虑的均匀流为逆向流,流速为 $u_c(z) = -0.1\text{m/s}$。

本章的不规则波的波浪谱均为有限水深风浪谱——TMA 谱。TMA 浅水谱的表达式为

$$S(f,h) = \sigma_1 g^2 f^{-5} (2\pi)^{-4} \Phi(2\pi f, h) \exp\left[-1.25\left(\frac{f}{f_p}\right)^{-4}\right] \wp^{\exp\left[-\left(\frac{f}{f_p}-1\right)^2/2\sigma_0^2\right]} \quad (8\text{-}4)$$

其中,σ_1 为谱参数;$\wp$ 为谱峰升高因子;f 为频率;f_p 为谱峰频率。当 $f \leqslant f_p$ 时,σ_0 为 0.07;$f > f_p$ 时,σ_0 为 0.09。用函数 Φ 表示水深的影响,$\Phi(2\pi f, h)$ 可表示为

$$\Phi(2\pi f, h) = \begin{cases} \dfrac{1}{2}\omega_d^2, & \omega_d \leqslant 1 \\ 1-\dfrac{1}{2}(2-\omega_d)^2, & 1 < \omega_d < 2 \\ 1, & \omega_d \geqslant 2 \end{cases} \quad (8\text{-}5)$$

其中,$\omega_d = 2\pi f(h/g)^{0.5}$。本章所有模拟中取 $\sigma_1 = 7.57\times 10^{-4}$,$\wp = 20$,频率范围为 0.67~1.00Hz,谱峰频率 f_p 为 0.767Hz,水深 h 为 0.313m。

模拟时将波浪谱分为 131 个不同频率的单色波叠加,即 $N_w = 131$。每个波浪的频率可通过下式得到:

$$f_{i+1} = f_i + \Delta f_i \quad (8\text{-}6)$$

其中,Δf_i 为频率间隔,表示为

$$\Delta f_i = \left[\left(\frac{f_{N_w}}{f_i}\right)^{1/(N_w-1)} - 1\right] f \quad (8\text{-}7)$$

波幅 a_i 可表示为

$$a_i = \sqrt{2S(f_i)\Delta f_i} \quad (8\text{-}8)$$

8.2.1　均匀流下线性波流耦合模型的波面分析

本小节展示线性层析水波理论波流耦合模型的计算结果。不同位置的计算域波面如图 8-1 所示。

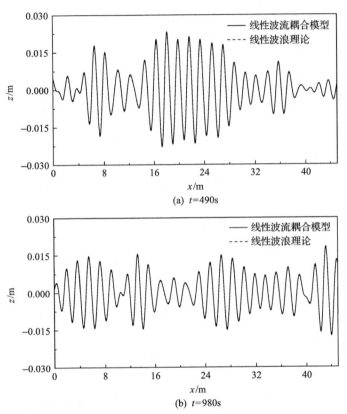

图 8-1　均匀流下线性波流耦合模型的波面计算结果

图 8-1 表明了均匀流中不规则波的波面随空间位置 x 的变化。从图中可以看出，不规则波的波高不再是一个确定的常数，而是变化的。图中也给出了线性波浪理论的结果，可以看出线性波流耦合模型的计算结果与线性波浪理论解吻合良好，波面曲线几乎是完全重合的。$t=980s$ 时的计算结果(图 8-1(b))更是清晰表明，即使经过长时间的数值模拟，线性波流耦合模型的计算结果也很准确。

8.2.2　均匀流下非线性波流耦合模型的波面分析

本小节展示非线性层析水波理论波流耦合模型的计算结果。计算域中心处的波面时历如图 8-2 所示。

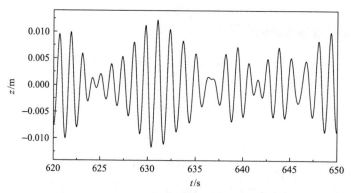

图 8-2　均匀流下非线性波流耦合模型的波面时历计算结果（$x=22.55\text{m}$）

图 8-2 展示了 620～650s 这段时间内，经过横坐标 $x=22.55\text{m}$ 处的波面的变化。从图中可以看出，不规则波的传播也不完全是杂乱无章的，其波峰（或波谷）的变化趋势为逐渐增加后再逐渐减小，而后再逐渐增加，再逐渐减小，如此往复。在获得波面时历后，利用自相关函数法（俞聿修等，2011）可以得到非线性波流耦合模型的波浪谱计算结果，如图 8-3 所示。

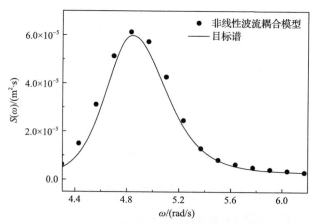

图 8-3　均匀流下非线性波流耦合模型的波浪谱计算结果

从图 8-3 中可以看出，非线性层析水波理论波流耦合模型的波浪谱计算结果与目标谱基本吻合。说明非线性层析水波理论波流耦合模型可以准确模拟均匀流下预设的波浪谱。

8.3　线性剪切流中不规则波的数值模拟

本节利用层析水波理论波流耦合模型，模拟不规则波与线性剪切流的相互作用。考虑的线性剪切流为逆向流,流速为 $u_c = -(0.1+0.3z)$,此线性剪切流在水面流速最大,在海底流速最小。不规则波的波浪谱仍为 TMA 浅水谱,与均匀流情况下的波浪谱参数一致。

8.3.1 线性剪切流下线性波流耦合模型的波面分析

本小节展示线性层析水波理论波流耦合模型的计算结果。不同位置的计算域波面如图 8-4 所示。

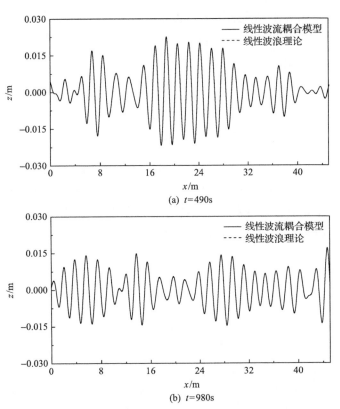

图 8-4 线性剪切流下线性波流耦合模型的波面计算结果

图 8-4(a) 和 (b) 分别给出了 $t=490s$ 和 $t=980s$ 时逆向线性剪切流 $u_c = -(0.1+0.3z)$ 下线性波流耦合模型得到的波面,同时也给出了线性波浪理论的结果用于对比。由图可以看出,线性波流耦合模型的计算结果与线性波浪理论解吻合良好,波面曲线几乎是完全重合的。图 8-4(b) 给出的 $t=980s$ 时的波面,更是清晰地表明线性波流耦合模型可以长时间准确模拟不规则波与线性剪切流的相互作用。

8.3.2 线性剪切流下非线性波流耦合模型的波面分析

本小节展示非线性层析水波理论波流耦合模型的计算结果。计算域中心处的波面时历如图 8-5 所示。

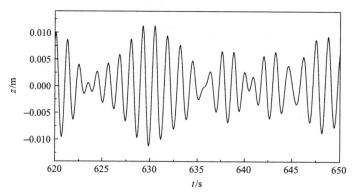

图 8-5　线性剪切流下非线性波流耦合模型的波面时历计算结果（$x = 22.55\text{m}$）

图 8-5 给出了 620～650s 时间内，逆向线性剪切流 $u_c = -(0.1 + 0.3z)$ 下计算得到的经过横坐标 $x = 22.55\text{m}$ 处的波面的变化。与逆向均匀流 $u_c(z) = -0.1\text{m/s}$ 情况下的波面时历结果（图 8-2）对比可发现，二者的波面结果大致是相同的。在获得波面时历后，利用自相关函数法计算得到的非线性波流耦合模型的波浪谱计算结果如图 8-6 所示。

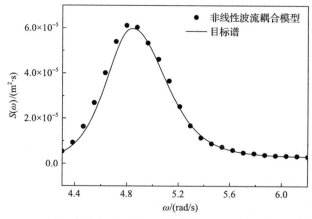

图 8-6　线性剪切流下非线性波流耦合模型的波浪谱计算结果

从图 8-6 中可以看出，层析水波理论波流耦合模型的波浪谱计算结果与目标谱吻合，说明层析水波理论波流耦合模型可以准确模拟线性剪切流 $u_c = -(0.1 + 0.3z)$ 下预设的波浪谱。

8.4 非线性剪切流中不规则波的数值模拟

本节利用层析水波理论波流耦合模型，模拟不规则波与非线性剪切流的相互作用，考虑的非线性剪切流为逆向流，流速为 $u_\mathrm{c}=-\left(0.1+0.6z+0.9z^2\right)$，此非线性剪切流为二次多项式形式，水面流速最大，在海底流速最小。不规则波的波浪谱仍为 TMA 浅水谱，与均匀流情况下的波浪谱参数一致。

8.4.1 非线性剪切流下线性波流耦合模型的波面分析

本小节展示线性层析水波理论波流耦合模型的计算结果。不同位置的计算域波面如图 8-7 所示。

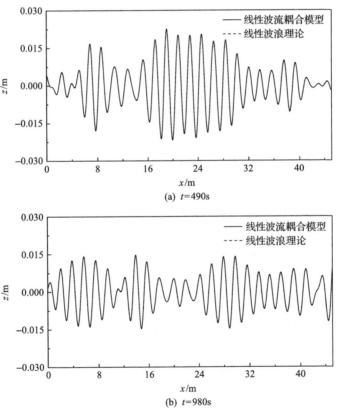

图 8-7 非线性剪切流下线性波流耦合模型的波面计算结果

为了便于对比分析，使对比结果更清晰明了，图 8-7 同样计算了 $t=490$s（图 8-7(a)）和 $t=980$s（图 8-7(b)）时的波面，这里计算的是不规则波同逆向非线

性剪切流 $u_c = -(0.1 + 0.6z + 0.9z^2)$ 相互作用下的结果。另外，图中也给出了线性波浪理论的结果用于对比。可以看出线性波流耦合模型的计算结果与线性波浪理论解吻合良好，即线性波流耦合模型的模拟结果很准确。

8.4.2 非线性剪切流下非线性波流耦合模型的波面分析

本小节展示非线性层析水波理论波流耦合模型的计算结果。计算域中心处的波面时历如图 8-8 所示。

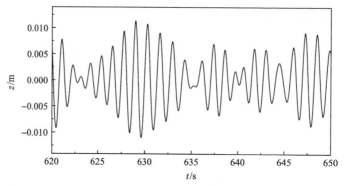

图 8-8 非线性剪切流下非线性波流耦合模型的波面时历计算结果（$x = 22.55\text{m}$）

图 8-8 给出了横坐标 $x = 22.55\text{m}$ 处逆向非线性剪切流 $u_c = -(0.1 + 0.6z + 0.9z^2)$ 下非线性波流耦合模型计算得到的波面。与逆向线性剪切流（图 8-5）、逆向均匀流（图 8-2）对比发现，不同逆向背景流下的波面时历结果有一定的相似性和区别。类似地，在获得波面时历计算结果后，可利用自相关函数法计算非线性模型的波浪谱。计算结果如图 8-9 所示。

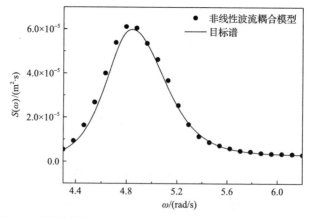

图 8-9 非线性剪切流下非线性波流耦合模型的波浪谱计算结果

从图 8-9 中可以看出，在逆向非线性剪切流 $u_c=-\left(0.1+0.6z+0.9z^2\right)$ 条件下，层析水波理论波流耦合模型的波浪谱计算结果与目标谱吻合良好，说明层析水波理论波流耦合模型可以准确模拟非线性剪切流下预设的波浪谱。

综上所述，层析水波理论波流耦合模型可以模拟不规则波与各种形式背景流的相互作用，准确得到背景流下预设的波浪谱。

第 9 章 孤立波与背景流相互作用数值模拟

孤立波是浅水非线性波中的一类特殊波浪，被学者们广泛研究。孤立波的波面分布在静水面以上，在传播过程中波形、波高和波速都保持不变，波长趋于无限，没有周期性。本章对孤立波与各种形式背景流的相互作用进行数值模拟，如图 9-1 所示。

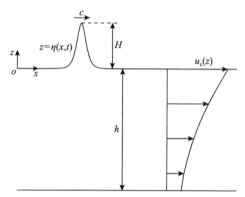

图 9-1 孤立波与背景流相互作用的示意图

Duan 等(2018)基于层析水波理论给出了求解线性剪切流中孤立波稳态解的方法。Wang 等(2020)利用层析水波理论得到了非线性剪切流中孤立波的稳态解。本书重点是采用时域模拟方法，对背景流中的孤立波传播进行数值模拟。具体做法如下：首先利用 Duan 等(2018)和 Wang 等(2020)的方法计算得到背景流中孤立波的稳态解；然后将稳态解作为时域模拟程序中的初值，对背景流中的孤立波进行时域模拟计算。计算域内全部使用非线性层析水波方程进行求解，没有采用耦合过渡的方法。需要说明的是，初值使用的稳态解是准确的、全非线性的，时域模拟时求解的层析水波方程也是准确的、全非线性的，因此二者理论上完美结合，在时域模拟中孤立波能够稳定传播。本书展示的时域模拟中孤立波不会因为遭遇流发生变形(不是模拟孤立波从无流区传播到有流区)，这里不分析遭遇过程，而是展示在背景流中的孤立波稳定传播。

本章首先考虑无流情况，给出单纯孤立波的数值模拟结果，并通过对比验证计算精度。然后模拟线性剪切流中的孤立波，给出波面和速度场的计算结果。最后模拟孤立波在非线性剪切流中的传播，展示数值模拟的计算结果。本章的每一节中会先给出该节进行时域模拟时初边值条件的设置方法，再给出数值模拟的计算结果。

9.1 无流情况下的孤立波

Dutykh 等(2014)通过精确求解欧拉方程，得到了无流情况下孤立波的欧拉解。本节对无流情况下孤立波的传播进行时域模拟计算，给出波速、波面和波峰下水平速度的计算结果，并通过将计算结果与 Dutykh 等(2014)的欧拉解进行对比，验证计算准确性。

9.1.1 初边值条件

本章模拟孤立波与流相互作用时，没有采用线性/非线性分区耦合过渡的方法求解非线性层析水波方程，初边值条件的设置方法和规则波的情况不同。本小节介绍无流情况下模拟孤立波传播的初边值条件设置方法。

基于 Duan 等(2018)的方法，利用层析水波理论可以得到无流情况下孤立波的稳态解(包括波形、波速、速度场)。时域模拟时，将通过 Duan 等(2018)的方法计算得到的稳态解作为时域模拟程序中的初值。无流情况下，计算域中初值条件如图 9-2 所示。

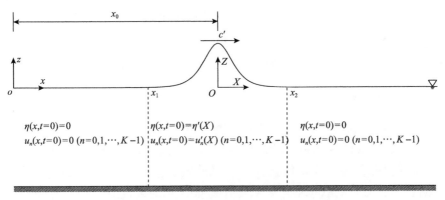

图 9-2 无流情况下计算域初值条件的示意图

初始时刻，计算域可以分为有波区域和无波区域。无波区域为 $x<x_1$ 和 $x>x_2$，在此区域内，无流情况下，初始波面 η 和水平速度系数 u_n 均为 0。

在有波区域 $x_1 \leqslant x \leqslant x_2$ 中，初始时刻的值为无流情况下孤立波的稳态解，即 Duan 等(2018)给出的孤立波稳态解。

通过 Duan 等(2018)的方法，可以求得 $O\text{-}XZ$ 坐标系中无流情况下孤立波的波面 $\eta'(X)$、水平速度系数 $u_n'(X)(n=0,1,\cdots,K-1)$ 和波速 c'。将计算得到的无流下的孤立波稳态解设置在有波区域 $x_1 \leqslant x \leqslant x_2$ 中，孤立波的波峰水平位置到计算域左侧边界 $x=0$ 的距离为 x_0。

因此，初始时刻计算域设置如下。

当 $x < x_1$ 或 $x > x_2$ 时：

$$\begin{aligned} &\eta(x, t=0) = 0 \\ &u_n(x, t=0) = 0, \quad n = 0, 1, \cdots, K-1 \end{aligned} \quad (9\text{-}1)$$

当 $x_1 \leqslant x \leqslant x_2$ 时：

$$\begin{aligned} &\eta(x, t=0) = \eta'(X) \\ &u_n(x, t=0) = u_n'(X), \quad n = 0, 1, \cdots, K-1 \\ &\frac{\partial \eta(x, t=0)}{\partial t} = -c' \frac{\partial \eta'(X)}{\partial X} \end{aligned} \quad (9\text{-}2)$$

其中，$X = x - x_0$。

计算域两侧边界的波面和水平速度系数均为 0，即

$$\begin{aligned} &\eta(x, t) = 0 \\ &u_n(x, t) = 0, \quad n = 0, 1, \cdots, K-1 \end{aligned} \quad (9\text{-}3)$$

通过上述方法可以完成无流情况下时域模拟的初边值条件的设置。接下来对无流情况下孤立波的波速、波面和速度场进行时域模拟。

9.1.2 时域数值模拟

本小节给出无流情况下孤立波的时域模拟计算结果。首先展示不同时刻计算域中波面的时域计算结果，验证作为初值的孤立波稳态解（Duan et al., 2018）可以在时域模拟程序中稳定传播。然后将波速、波面和速度场的时域模拟结果与 Dutykh 等（2014）的欧拉解进行对比，验证计算准确性。

1. 不同时刻的波面形状

下面展示不同时刻计算域中波面的时域计算结果，验证基于 Duan 等（2018）得到的孤立波稳态解可以在时域模拟程序中稳定传播。无流情况下孤立波的算例参数如表 9-1 所示，本章利用水深 h 和重力加速度 g 对变量进行无因次化。算例包含两种非线性，算例 S2 的波浪非线性强于算例 S1。

时域模拟算例 S2 即 $H/h = 0.5$ 时，不同时刻计算域的波面计算结果如图 9-3 所示。

第 9 章 孤立波与背景流相互作用数值模拟

表 9-1 无流情况下孤立波的算例参数

算例	H/h	对比文献
S1	0.1	Dutykh 等(2014)
S2	0.5	

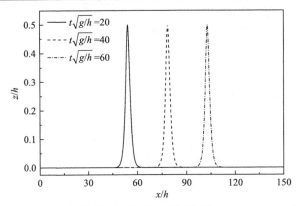

图 9-3 不同时刻的波面计算结果(算例 S2，$H/h=0.5$)

图 9-3 展示了 $t\sqrt{g/h}=20,40,60$ 时的波面计算结果。时间越长，波面传播得越远，且从图中可以看出传播的速度没变。此外，计算域中波面模拟稳定，即波面不随时间发生变化，在计算域内稳定传播，且孤立波波峰、波形也与时间无关，说明时域模拟程序几乎没有数值耗散，计算准确。

为了更清晰地对比不同时刻波面计算结果，将不同时刻的孤立波波峰的水平位置都平移到 $x/h=0$ 处进行对比，如图 9-4 所示。

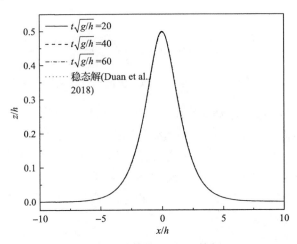

图 9-4 不同时刻的波面计算结果对比(算例 S2，$H/h=0.5$)

从图 9-4 中可以看出，不同时刻波面的时域模拟结果一致，三种时刻 ($t\sqrt{g/h}=20,40,60$) 下模拟得到的波面计算结果都与作为计算初值的稳态解 (Duan et al., 2018) 重合，说明其结果吻合得很好。也表明无流情况下，稳态解在时域程序中可以稳定传播，时域模拟程序可以稳定且准确地模拟全非线性孤立波。下面对时域模拟结果进行验证。

2. 计算结果验证

本小节将时域模拟结果与 Dutykh 等 (2014) 的欧拉解进行对比，验证波速、波面和速度场的计算准确性。

1) 波速

下面对无流情况下孤立波的波速进行时域模拟计算。图 9-5 给出了不同波高的孤立波波速的时域模拟结果，图中也给出了 Dutykh 等 (2014) 的欧拉解进行对比验证。

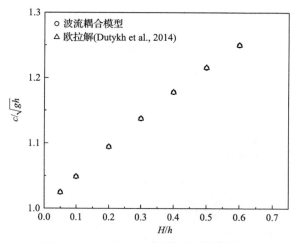

图 9-5　无流情况下孤立波波速计算结果

从图 9-5 中可以看出，无因次波高 H/h 从 0.05 增加到 0.6 的整个过程中，圆点表示的层析水波理论波流耦合模型的波速计算结果与三角形表示的欧拉解 (Dutykh et al., 2014) 重合在一起。随着波高增加，孤立波的波速也明显增加，大幅孤立波的移动速度大于小幅孤立波的移动速度，同时也说明了波流耦合模型在孤立波波速方面的计算精度非常高，即使对波高 $H/h=0.6$ 的大幅孤立波，计算结果依然非常准确。

2) 波面

下面验证无流情况下孤立波波面的时域模拟计算结果。算例 S1 即 $H/h=0.1$

的时域模拟计算结果如图 9-6 所示。

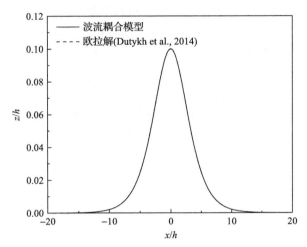

图 9-6　无流情况下孤立波波面计算结果（算例 S1，$H/h = 0.1$）

图 9-6 中可以看出，$H/h = 0.1$ 时，在计算域 $-15 < x/h < 15$ 内，无流情况下波流耦合模型计算得到的波面时域模拟结果与 Dutykh 等（2014）的欧拉解几乎无差别，说明模拟结果良好。此外，孤立波的波形是关于 $x/h = 0$ 对称的，且孤立波是在静水面（$z/h = 0$）上方传播的。

相比于算例 S1（$H/h = 0.1$），算例 S2（$H/h = 0.5$）的非线性更强。算例 S2 即 $H/h = 0.5$ 的波面时域模拟结果如图 9-7 所示。

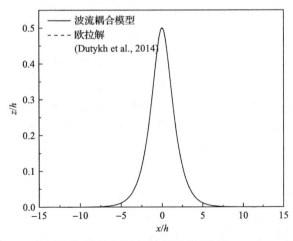

图 9-7　无流情况下孤立波波面计算结果（算例 S2，$H/h = 0.5$）

从图 9-7 中可以看出，用算例 S2（$H/h = 0.5$）数值模拟时，层析水波理论波流耦合模型的时域模拟结果与 Dutykh 等（2014）的欧拉解吻合得很好。即增强非线性后，计算仍然很准确，进一步证明了无流情况下，波流耦合模型的可靠性和有效性。另外，通过对比上述两张图片可以看出：相对于小幅孤立波的波形而言，大幅孤立波的波形更高更窄，这是大幅孤立波的强非线性导致的。这进一步突显了波流耦合相互作用中非线性效应的重要性。

3）速度场

下面展示无流情况下孤立波的波峰下水平速度的时域模拟结果。算例 S1 即 $H/h = 0.1$ 的孤立波波峰下水平速度时域模拟结果如图 9-8 所示。

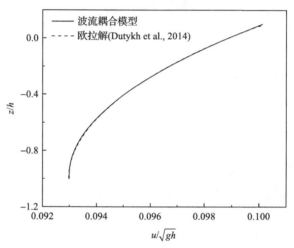

图 9-8　无流情况下孤立波波峰下水平速度计算结果（算例 S1，$H/h = 0.1$）

从图 9-8 中可以看出，无流情况下，当 $H/h = 0.1$ 时，即算例 S1，波峰下的水平速度是沿着水深方向（z/h 的负向）逐渐减小的，且一开始减小得较快，在接近海底处，减小得很缓慢。此外，层析水波理论波流耦合模型的时域模拟结果与 Dutykh 等（2014）的欧拉解结果一致。

为了突出非线性的作用，进一步分析模拟 $H/h = 0.5$ 时波峰下水平速度的结果。算例 S2 即 $H/h = 0.5$ 的孤立波波峰下水平速度计算结果如图 9-9 所示。

从图 9-9 中可以看出，增强波浪非线性后，层析水波理论波流耦合模型的时域模拟结果仍与 Dutykh 等（2014）的欧拉解吻合得很好。从波峰点竖直往上的剖面上，看出流体质点的水平速度沿着水深方向是逐渐减小的，是可以用多项式去逼近这样的速度变化的，而且通过对比图 9-8 和图 9-9，可以看出小幅孤立波沿着垂向的水平速度变化较小，而大幅孤立波沿着垂向的水平速度变化显著。

通过对比验证，证明了层析水波理论波流耦合模型可以准确地时域模拟计算无流下孤立波的波速、波面和速度场。

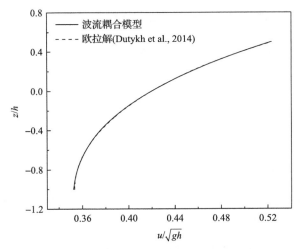

图 9-9 无流情况下孤立波波峰下水平速度计算结果（算例 S2，$H/h=0.5$）

9.2 线性剪切流中的孤立波

9.1 节模拟计算了无流下的孤立波，并验证了数值模拟结果的准确性。当背景流为均匀流时，经过计算发现，孤立波在均匀流中的波形与无流情况下相同，流体质点的速度为无流情况下孤立波的流体质点速度与流速的线性叠加，波速也为无流情况下孤立波的波速与流速的线性叠加。因此，本节不再展示均匀流中孤立波的计算结果，而对线性剪切流中孤立波的传播进行时域模拟计算，验证计算准确性。

9.2.1 初边值条件

本小节介绍时域模拟孤立波与线性剪切流 $u_c = U_0 + U_1 z$ 相互作用时，计算域的初边值条件的设置方法。

Duan 等(2018)利用层析水波理论，得到线性剪切流中孤立波的稳态解。时域模拟时，首先利用 Duan 等(2018)的方法计算得到线性剪切流中孤立波的稳态解。之后将计算得到的稳态解作为时域模拟程序中的初值。线性剪切流情况下，计算域中初值条件如图 9-10 所示。

线性剪切流情况下，初始时刻，在无波区域 $x < x_1$ 和 $x > x_2$ 中，初始波面 η 为 0，初始水平速度系数 u_n 为流速，即 $u_0 = U_0$、$u_1 = U_1$、$u_n = 0 (n = 2, 3, \cdots, K-1)$。

在有波区域 $x_1 \leqslant x \leqslant x_2$ 中，初始时刻的值为线性剪切流中孤立波的稳态解，即参照 Duan 等(2018)的方法求解得到的线性剪切流中的孤立波稳态解。

利用 Duan 等(2018)的方法，可以求得 O-XZ 坐标系中线性剪切流情况下孤

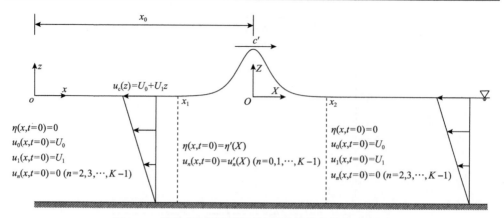

图 9-10　线性剪切流情况下计算域初值条件的示意图

立波稳态解的波面 $\eta'(X)$、水平速度系数 $u_n'(X)(n=0,1,\cdots,K-1)$ 和波速 c'。将计算得到的线性剪切流中孤立波的稳态解设置在有波区域 $x_1 \leqslant x \leqslant x_2$ 中，孤立波的波峰水平位置到计算域左侧边界 $x=0$ 的距离为 x_0。

因此，初始时刻计算域设置如下。

当 $x < x_1$ 或 $x > x_2$ 时：

$$\eta(x,t=0) = 0$$
$$u_0(x,t=0) = U_0$$
$$u_1(x,t=0) = U_1 \quad (9\text{-}4)$$
$$u_n(x,t=0) = 0, \quad n=2,3,\cdots,K-1$$

当 $x_1 \leqslant x \leqslant x_2$ 时：

$$\eta(x,t=0) = \eta'(X)$$
$$u_n(x,t=0) = u_n'(X), \quad n=0,1,\cdots,K-1 \quad (9\text{-}5)$$
$$\frac{\partial \eta(x,t=0)}{\partial t} = -c'\frac{\partial \eta'(X)}{\partial X}$$

其中，$X = x - x_0$。

计算域两侧边界的波面 η 为 0，初始水平速度系数 u_n 为流速，即

$$\eta(x,t) = 0$$
$$u_0(x,t) = U_0$$
$$u_1(x,t) = U_1 \quad (9\text{-}6)$$
$$u_n(x,t) = 0, \quad n=2,3,\cdots,K-1$$

通过上述方法可以完成线性剪切流情况下时域模拟的初边值条件的设置。下面进行线性剪切流情况中孤立波的时域模拟计算。

9.2.2 时域数值模拟

本小节给出线性剪切流中孤立波的时域模拟计算结果。首先展示不同时刻计算域中波面的时域计算结果，验证作为初值的孤立波稳态解（Duan et al., 2018）可以在时域模拟程序中稳定传播。然后分别将波速的时域模拟结果与 Pak 等（2009）的结果进行对比，将波面的时域模拟结果与 Vanden-Broeck（1994）、Choi（2003）、Pak 等（2009）的结果进行对比，将速度场的时域模拟结果与 Duan 等（2018）的结果进行对比，验证计算准确性。

1. 不同时刻的波面形状

下面展示不同时刻计算域中的波面时域模拟结果。选取孤立波的波高为 $H/h=0.3$，线性剪切流分为逆流和顺流两种，逆流的流速为 $u_c=-0.5\sqrt{gh}(1+z/h)$，顺流的流速为 $u_c=0.5\sqrt{gh}(1+z/h)$。这两种流在水面处流速最大，海底流速为 0。

逆流情况下，不同时刻计算域中波面的时域模拟结果如图 9-11 所示。

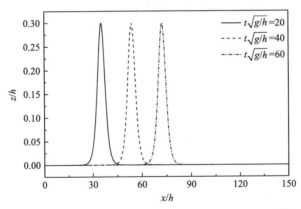

图 9-11 不同时刻的波面计算结果（$H/h=0.3$，$u_c=-0.5\sqrt{gh}(1+z/h)$）

图 9-11 展示了波高 $H/h=0.3$ 时，逆向线性剪切流 $u_c=-0.5\sqrt{gh}(1+z/h)$ 情况下三个时刻 $t\sqrt{g/h}=20,40,60$ 的波面时域模拟结果。从图中可以看出，计算域中内波面的计算结果稳定，表明时域模拟时的数值耗散很小，计算结果较为准确。同时，线性剪切流下，模拟方法仍然适用。

下面将不同时刻的孤立波波峰的水平位置都平移到 $x/h=0$ 处进行对比，如

图 9-12 所示。

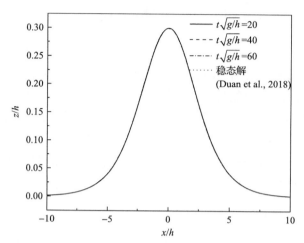

图 9-12　不同时刻的波面计算结果对比（$H/h=0.3$，$u_c=-0.5\sqrt{gh}(1+z/h)$）

从图 9-12 中可以看出，当波高 $H/h=0.3$ 时，逆向线性剪切流 $u_c=-0.5\sqrt{gh}(1+z/h)$ 情况下不同时刻 $t\sqrt{g/h}=20$、40、60 的波面时域模拟结果一致，都与作为计算初值的稳态解(Duan et al., 2018)吻合得很好，这清楚地表明逆向线性剪切流下的稳态解在时域模拟程序中可以稳定传播，进一步验证了模型的准确性和可靠性，同时也揭示了逆向线性剪切流对波流耦合波面传播的影响。顺流情况下，不同时刻计算域的波面时域模拟结果如图 9-13 所示。

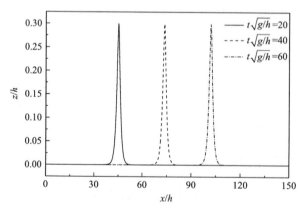

图 9-13　不同时刻的波面计算结果（$H/h=0.3$，$u_c=0.5\sqrt{gh}(1+z/h)$）

图 9-13 展示了无因次波高 $H/h=0.3$ 时，顺向线性剪切流 $u_c=0.5\sqrt{gh}(1+z/h)$ 情况下三个时刻 $t\sqrt{g/h}=20$、40、60 的波面时域模拟结果。从图中可以看出，顺流情况下计算域中波面的计算结果依旧稳定，时域模拟几乎没有数值耗散，计

算准确。与逆向线性剪切流(图 9-11)情况下的波面进行对比可以发现,顺流时计算得到的波面传播的更快一些,时间越长,表现得越明显,此外,发现顺流情况下的波面更窄。

将顺流情况下,不同时刻的孤立波波峰的水平位置都平移到 $x/h=0$ 处对比波面计算结果如图 9-14 所示。

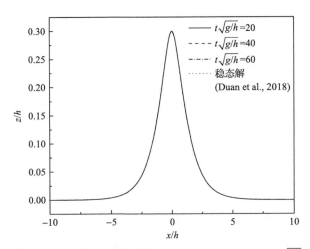

图 9-14 不同时刻的波面计算结果对比($H/h=0.3$,$u_c=0.5\sqrt{gh}(1+z/h)$)

图 9-14 展示了无因次波高 $H/h=0.3$ 时,顺向线性剪切流 $u_c=0.5\sqrt{gh}(1+z/h)$ 情况下不同时刻的波面结果。从图中可以看出,顺向线性剪切流情况下,不同时刻的波面计算结果一致。图中也展示了作为计算初值的 Duan 等(2018)的稳态解,波面计算结果也与稳态解吻合得很好,顺向线性剪切流下的稳态解在时域模拟程序中可以稳定传播。此外,与图 9-12 对比可得,相比于逆流情况,顺流情况下的波面更窄一些。

上述结果表明,时域模拟程序可以稳定且准确地模拟线性剪切流中的全非线性孤立波。下面对时域模拟结果进行验证。

2. 计算结果验证

本小节首先将波速的时域模拟结果与 Pak 等(2009)的结果进行对比,之后将波面的时域模拟结果与 Vanden-Broeck(1994)、Choi(2003)、Pak 等(2009)的结果进行对比,最后将速度场计算结果与 Duan 等(2018)的结果进行对比,验证计算准确性。本小节中的线性剪切流形式均为 $u_c=U(1+z/h)$。

1)波速

下面对孤立波在线性剪切流中的波速时域模拟结果进行对比验证。Pak 等

(2009)给出了波高 $H/h = 0.1$ 的孤立波的波速与线性背景剪切流的流强之间的关系。这里对同样的算例进行计算，并将波速的计算结果与 Pak 等(2009)的二阶解进行对比，验证计算准确性。波速的时域模拟结果如图 9-15 所示。

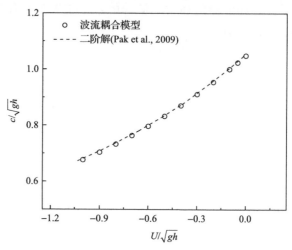

图 9-15　线性剪切流中孤立波波速计算结果 ($H/h = 0.1$)

从图 9-15 中可以看出，当无因次波高为 $H/h = 0.1$ 时，圆点代表的波速时域模拟结果与虚线代表的 Pak 等(2009)的二阶解吻合较好，证明波速的时域模拟结果准确。上图从右往左看，可以看出随着反向流速的增加，孤立波的波速由于受到反向流的抵抗而不断降低。并且，这种降低的变化率会随着反向流的增加而减缓(即波速曲线的斜率在减小)。

2)波面

下面展示线性剪切流中孤立波波面的时域模拟计算结果，并与 Vanden-Broeck(1994)、Choi(2003)、Pak 等(2009)的结果进行对比验证。算例参数如表 9-2 所示，利用水深 h 和重力加速度 g 对变量进行无因次化。

表 9-2　线性剪切流中孤立波的算例参数

算例	H/h	$U/\sqrt{gh}$	波面结果对比文献	速度场结果对比文献
LS1	0.1	−0.6	Pak 等(2009)	Duan 等(2018)
LS2	0.5	−1	Choi(2003); Pak 等(2009)	
LS3	0.1	0.6	Pak 等(2009)	
LS4	0.2	0.114	Vanden-Broeck(1994); Choi(2003)	

采用层析水波理论波流耦合模型对逆流情况下的孤立波波面进行时域模拟

计算。算例 LS1 的波面计算结果如图 9-16 所示。为了对比无流情况，在图中给出了无流情况下同样波高的孤立波波形。

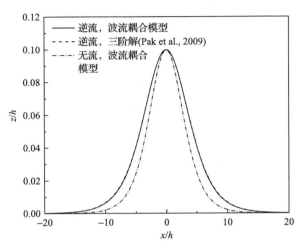

图 9-16　线性剪切流中孤立波波面计算结果（算例 LS1）

从图 9-16 中可以看出，$H/h=0.1$ 时，逆流情况下波面的时域模拟计算结果与 Pak 等（2009）的三阶解吻合较好。虽然三阶解没有考虑四阶及以上项的贡献，但是由于没有找到其他全非线性的结果，暂时只能用三阶解进行对比，一定程度上对层析水波理论波流耦合模型进行了验证。另外，上图也展示了无流情况下相同波幅孤立波的波形，通过对比发现，相比于无流情况，逆流中稳定传播的同波幅的孤立波波面更宽。

相比于算例 LS1，算例 LS2 的波浪非线性更强，无因次波幅达到了 0.5。算例 LS2 的波面时域模拟结果如图 9-17 所示，同时还给出了 Pak 等（2009）的三阶解以及 Choi（2003）的长波模型结果。

从图 9-17 中可以看出，层析水波理论波流耦合模型波面计算结果、Choi（2003）的长波模型结果、Pak 等（2009）的三阶解存在一些差别。Choi（2003）的长波模型结果接近本书计算结果，但波形略微偏窄，这个误差是长波模型推导中引入的。Pak 等（2009）的三阶解波面略宽，可能是由于四阶及以上非线性项的贡献增加，而三阶解没有考虑，因此计算结果误差在增大。而层析水波理论波流耦合模型的计算结果经过了级别、网格等收敛性分析，认为层析水波理论波流耦合模型的计算结果是最准确的，而 Choi（2003）的长波模型结果、Pak 等（2009）的三阶解对于大幅孤立波问题存在一定的误差。

采用层析水波理论波流耦合模型对顺流情况下的孤立波波面进行时域模拟计算。算例 LS3 的波面时域模拟结果如图 9-18 所示。

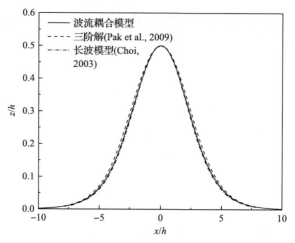

图 9-17 线性剪切流中孤立波波面计算结果(算例 LS2)

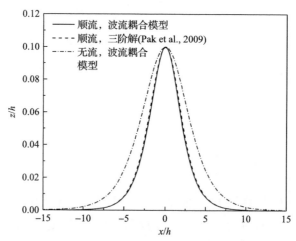

图 9-18 线性剪切流中孤立波波面计算结果(算例 LS3)

由图 9-18 中可以看出，$H/h=0.1$ 时，顺流 $U/\sqrt{gh}=0.6$ 情况下 Pak 等(2009)的三阶解与波流耦合模型时域模拟结果相差不大，其原因是非线性较弱，三阶解保留到三阶非线性项，精度尚可。另外，图中还展示了无流时的波面，可以明显观察到，相比于无流情况，顺流中同波高的孤立波波面较窄，这一现象进一步突显了流场对波浪传播特性的影响。顺流(图 9-18)与逆流情况(图 9-16)下的波面对比可以发现，逆流情况下的波面更宽。需要注意的是，为了更清晰地表示波面的区别，两图的横坐标范围有所不同。

算例 LS4 的波面时域模拟结果如图 9-19 所示，同时还给出了 Choi(2003)的长波模型结果以及 Vanden-Broeck(1994)的数值求解边界积分方程的结果。

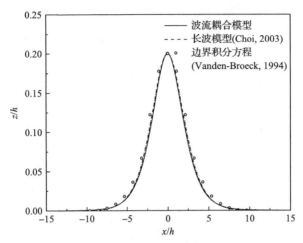

图 9-19　线性剪切流中孤立波波面计算结果(算例 LS4)

从图 9-19 中可以看出，对于 $H/h=0.2$ 的算例，层析水波理论波流耦合模型的时域模拟结果与 Choi(2003)的长波模型结果和 Vanden-Broeck(1994)的数值求解边界积分方程的结果差别都很小，三者吻合得都较好。如果非线性不断增强，波高不断增大，推荐使用本书介绍的层析水波理论波流耦合模型进行计算。

3) 速度场

下面利用波流耦合模型进行时域模拟，计算线性剪切流中孤立波波峰下的水平速度，并通过将时域模拟结果与 Duan 等(2018)的结果进行对比，验证计算准确性。

逆流算例 LS2 的孤立波波峰下水平速度的时域模拟结果如图 9-20 所示。

从图 9-20 中可以看出，层析水波理论波流耦合模型的时域模拟结果与 Duan 等(2018)的稳态解吻合得很好。图中还给出了无流时孤立波的波峰下水平速度和线性剪切流的流速线性叠加的结果。可以看出波流耦合模型计算结果和线性叠加结果有很大差别。单纯线性叠加不能正确描述孤立波和线性剪切流相互作用的速度场。

顺流算例 LS3 的孤立波波峰下水平速度计算结果如图 9-21 所示。

图 9-21 表明，顺流算例中，层析水波理论波流耦合模型的时域模拟结果与 Duan 等(2018)的稳态解吻合得很好。图中也给出了无流时孤立波的波峰下水平速度和线性剪切流的流速线性叠加的结果，层析水波理论波流耦合模型计算结果和线性叠加结果有很大差别。进一步验证了单纯线性叠加不能正确描述线性剪切流中孤立波的速度场。

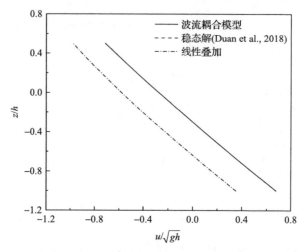

图 9-20 线性剪切流中孤立波波峰下水平速度计算结果(算例 LS2)

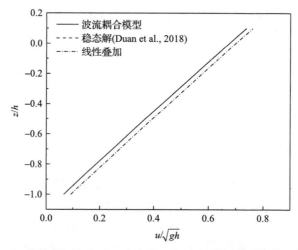

图 9-21 线性剪切流中孤立波波峰下水平速度计算结果(算例 LS3)

9.3 非线性剪切流中的孤立波

本节模拟计算非线性剪切流中孤立波的传播。与模拟规则波与非线性剪切流情况类似,在使用层析水波理论波流耦合模型模拟孤立波与非线性剪切流相互作用时,同样需要输入背景流速度系数 u_{cn}。对于表达式为多项式形式的非线性剪切流,直接输入对应的背景流速度系数。若背景流不为多项式形式,则先利用最小二乘法,得到拟合的多项式形式,再输入对应的背景流速度系数。

9.3.1 初边值条件

本小节介绍模拟孤立波与非线性剪切流 $u_c = \sum_{n=0}^{K-1} u_{cn} z^n$ 相互作用时，计算域的初边值条件的设置方法。

Wang 等（2020）利用层析水波理论，得到非线性剪切流中孤立波的稳态解。本节进行时域模拟时，首先利用 Wang 等（2020）的方法计算得到非线性剪切流中孤立波的稳态解。之后将计算得到的稳态解作为时域模拟程序中的初值。非线性剪切流情况下，计算域中初值条件如图 9-22 所示。

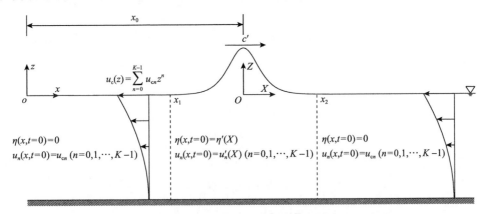

图 9-22 非线性剪切流情况下计算域初值条件的示意图

非线性剪切流情况下，初始时刻，在无波区域 $x < x_1$ 和 $x > x_2$ 中，初始波面 η 为 0，初始水平速度系数 u_n 为流速，即 $u_n = u_{cn}(n=0,1,\cdots,K-1)$。

在有波区域 $x_1 \leqslant x \leqslant x_2$ 中，初始时刻的值为非线性剪切流中孤立波的稳态解。利用 Wang 等（2020）的方法，可以求得 $O\text{-}XZ$ 坐标系中非线性剪切流情况下孤立波稳态解的波面 $\eta'(X)$、水平速度系数 $u'_n(X)(n=0,1,\cdots,K-1)$ 和波速 c'。将计算得到的非线性剪切流中孤立波的稳态解设置在有波区域 $x_1 \leqslant x \leqslant x_2$ 中，孤立波的波峰水平位置到计算域左侧边界 $x = 0$ 的距离为 x_0。

初始时刻计算域设置如下。

当 $x < x_1$ 或 $x > x_2$ 时：

$$\begin{aligned} \eta(x, t=0) &= 0 \\ u_n(x, t=0) &= u_{cn}, \quad n = 0, 1, \cdots, K-1 \end{aligned} \tag{9-7}$$

当 $x_1 \leqslant x \leqslant x_2$ 时：

$$\eta(x, t=0) = \eta'(X)$$

$$u_n(x, t=0) = u_n'(X), \quad n = 0, 1, \cdots, K-1 \tag{9-8}$$

$$\frac{\partial \eta(x, t=0)}{\partial t} = -c' \frac{\partial \eta'(X)}{\partial X}$$

其中，$X = x - x_0$。

计算域两侧边界的波面 η 为 0，初始水平速度系数 u_n 为流速，即

$$\eta(x, t) = 0$$

$$u_n(x, t) = u_{cn}, \quad n = 0, 1, \cdots, K-1 \tag{9-9}$$

以非线性剪切流为二次多项式形式 $u_c = U_0 + U_1 z + U_2 z^2$ 为例，计算域初值条件，即式(9-7)和式(9-8)，可修改如下。

当 $x < x_1$ 或 $x > x_2$ 时：

$$\eta(x, t=0) = 0$$
$$u_0(x, t=0) = U_0$$
$$u_1(x, t=0) = U_1 \tag{9-10}$$
$$u_2(x, t=0) = U_2$$
$$u_n(x, t=0) = 0, \quad n = 3, 4, \cdots, K-1$$

当 $x_1 \leqslant x \leqslant x_2$ 时：

$$\eta(x, t=0) = \eta'(X)$$

$$u_n(x, t=0) = u_n'(X), \quad n = 0, 1, \cdots, K-1 \tag{9-11}$$

$$\frac{\partial \eta(x, t=0)}{\partial t} = -c' \frac{\partial \eta'(X)}{\partial X}$$

计算域两侧边界条件，即式(9-9)，可写为

$$\eta(x, t) = 0$$
$$u_0(x, t) = U_0$$
$$u_1(x, t) = U_1 \tag{9-12}$$
$$u_2(x, t) = U_2$$
$$u_n(x, t) = 0, \quad n = 3, 4, \cdots, K-1$$

通过上述方法可以完成非线性剪切流情况下时域模拟的初边值条件的设置。下面给出非线性剪切流情况下孤立波的波速、波面和速度场的时域模拟结果。

9.3.2 时域数值模拟

本小节时域模拟非线性剪切流中孤立波的传播，算例的非线性剪切流为二次形式 $u_c = U(1+z/h)^2$，自由面处流速最大，海底流速为 0。

首先，展示不同时刻计算域中波面的时域计算结果，验证孤立波稳态解（Wang et al., 2020）可以在时域模拟程序中稳定传播。然后，分别将波速的时域模拟结果与 Pak 等（2009）的结果进行对比，将波面的时域模拟结果与 Pak 等（2009）的、Wang 等（2020）的结果进行对比，将速度场的时域模拟结果与 Wang 等（2020）的结果进行对比，验证计算准确性。

1. 不同时刻的波面形状

下面展示不同时刻计算域中的波面时域模拟结果。非线性剪切流中孤立波的算例参数如表 9-3 所示，算例包含逆流和顺流两个算例，利用水深 h 和重力加速度 g 对变量进行无因次化。

表 9-3 非线性剪切流中孤立波的算例参数

算例	H/h	$U/\sqrt{gh}$	波面结果对比文献	速度场结果对比文献
NS1	0.1	−0.6	Pak 等（2009）	Wang 等（2020）
NS2	0.1	0.6	Wang 等（2020）	

逆流算例 NS1 中，不同时刻计算域的波面时域模拟结果如图 9-23 所示。

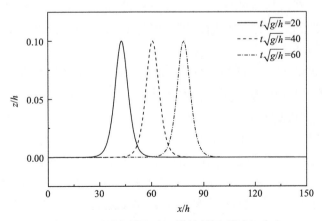

图 9-23 不同时刻的波面计算结果（算例 NS1）

图 9-23 展示了逆向非线性剪切流情况下，三个时刻 $t\sqrt{g/h} = 20, 40, 60$ 的波面计算结果。从图中可以看出，在时域模拟过程中计算域的波面稳定，说明时域模拟时几乎没有数值耗散，因此计算结果是十分准确的。为了更直观地比较不同时刻的孤立波波峰，将它们都平移到 $x/h = 0$ 处进行对比，这有助于我们更准确地分析波面的变化情况，更深入地理解波动现象的演化规律，其结果如图 9-24 所示。

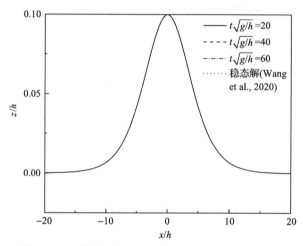

图 9-24　不同时刻的波面计算结果对比(算例 NS1)

从图 9-24 中可以看出，在无因次波高 H/h 取为 0.1，$U/\sqrt{gh}$ 取为 -0.6 的情况下，不同时刻 $t\sqrt{g/h} = 20, 40, 60$ 的波面计算结果呈现出一致性，在与作为计算初值的稳态解(Wang et al., 2020)进行对比时表现出良好的吻合。这种结果表明，在逆向非线性剪切流的作用下，稳态解能够在时域模拟程序中实现稳定传播。这种一致性和稳定性为我们提供了可靠的数据基础，进一步证实了该模拟程序的准确性和可靠性。

顺流算例 NS2 中，不同时刻计算域的波面时域模拟结果如图 9-25 所示。

图 9-25 展示了顺流 $(U/\sqrt{gh} = 0.6)$ 情况下三个时刻的波面计算结果。在时域模拟的过程中，可以观察到计算域中的波面保持着稳定状态。这说明了时域模拟时数值耗散非常小，从而确保了计算的准确性。与逆流(图 9-23)情况下的波面对比可以发现，在非线性剪切流条件下，相比于逆流情况，顺流情况下的波面传播得更快，且波面更窄。另外，为了更好地比较不同时刻的孤立波，将不同时刻的孤立波波峰的水平位置都平移到 $x/h = 0$ 处进行对比，如图 9-26 所示。

从图 9-26 中可以看出，顺流情况下，不同时刻 $t\sqrt{g/h} = 20, 40, 60$ 的波面计

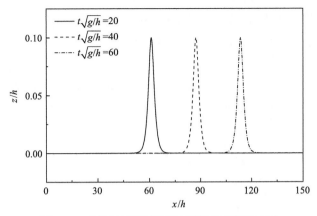

图 9-25 不同时刻的波面计算结果(算例 NS2)

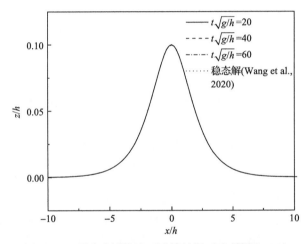

图 9-26 不同时刻的波面计算结果对比(算例 NS2)

算结果一致,都与作为计算初值的 Wang 等(2020)的稳态解吻合得很好,计算得到的波面曲线完全重合,表明顺向非线性剪切流下的稳态解可以在时域模拟程序中稳定传播。与逆向非线性剪切流中的波面结果(图 9-24)对比可以发现,顺流情况下的波面更窄一些,并且非常明显。需要注意的是,两个图中横坐标的范围是不一致的。

上述结果表明,时域模拟程序可以稳定且准确地模拟非线性剪切流中的全非线性孤立波。下面对时域模拟结果进行验证。

2. 计算结果验证

本小节首先将波速的时域模拟结果与 Pak 等(2009)的结果进行对比,然后将波面的时域模拟结果与 Pak 等(2009)、Wang 等(2020)的结果进行对比,最后将速度场计算结果与 Wang 等(2020)的结果进行对比,验证计算准确性。非线性剪切流形式均为二次剪切流 $u_c = U(1+z/h)^2$。

1)波速

下面对二次剪切流 $u_c = U(1+z/h)^2$ 中孤立波的波速进行时域模拟计算。波高 $H/h = 0.1$ 时,图 9-27 给出了不同流强的二次剪切流中孤立波波速的时域模拟结果。

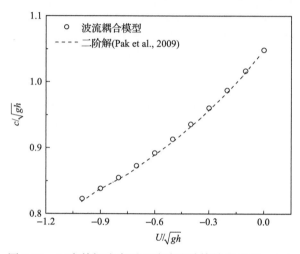

图 9-27　二次剪切流中孤立波波速计算结果 ($H/h = 0.1$)

图 9-27 也给出了 Pak 等(2009)的二阶解,虽然 Pak 等(2009)研究的是孤立波三阶解,给出了三阶解的波面,但是在波速方面只给出了二阶解,因此这里展示的是其速度二阶解。从图 9-27 中可以看出,层析水波理论波流耦合模型的波速时域模拟结果与 Pak 等(2009)的二阶解吻合较好,证明波速的时域模拟准确。同样,如果从右往左看,可以看出随着逆向流的流速增加,孤立波的波速是不断减小的。

2)波面

下面展示二次剪切流中孤立波的波面时域模拟结果。逆流算例 NS1 的波面计算结果如图 9-28 所示。

图 9-28 给出了无因次波高 H/h 取为 0.1、$U/\sqrt{gh}$ 取为 –0.6 时,逆向二次剪切流条件下计算得到的孤立波的波面。由图中可以看出,逆流情况下波面的时域模拟结果与 Pak 等(2009)的三阶解吻合较好。类似于线性剪切流的特点,可以观察到,在相同波高下,逆流中孤立波的波形比无流中孤立波波形要宽。此外,与线性剪切流情况下的波面(图 9-16)对比可以发现,线性、非线性剪切情况下的波面大致是一样的。

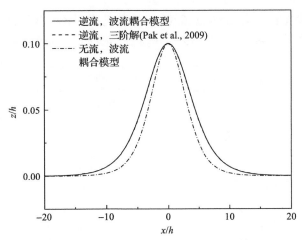

图 9-28　二次剪切流中孤立波波面计算结果(算例 NS1)

顺流算例 NS2 的波面时域模拟结果如图 9-29 所示。

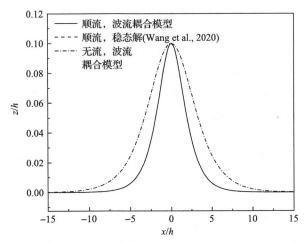

图 9-29　二次剪切流中孤立波波面计算结果(算例 NS2)

从图 9-29 中可以看出，当无因次波高 H/h 取为 0.1、$U/\sqrt{gh}$ 取为 0.6 时，顺向二次剪切流中孤立波的波面时域模拟结果与 Wang 等(2020)的稳态解吻合得很好，这证实了波流耦合模型在准确计算非线性剪切流中孤立波波面方面的可靠性。这种高度吻合的结果为我们提供了在复杂流场条件下进行波浪模拟的有效手段。同样值得注意的是，在顺流条件下，相同波高的情况下，孤立波的波形要窄于无流条件下的情况。

3) 速度场

下面展示非线性剪切流情况下孤立波的波峰下水平速度的时域模拟结果，

通过将时域模拟结果与 Wang 等(2020)的结果进行对比，验证计算准确性。逆流算例 NS1 的孤立波波峰下水平速度时域模拟结果如图 9-30 所示。

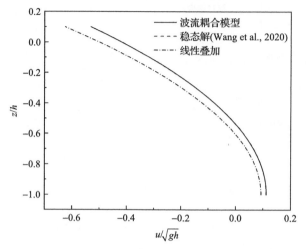

图 9-30　二次剪切流中孤立波波峰下水平速度计算结果(算例 NS1)

从图 9-30 中可以看出，层析水波理论波流耦合模型的时域模拟结果与 Wang 等(2020)的稳态解吻合得很好。图中也给出了无流时孤立波的波峰下水平速度和线性剪切流的流速线性叠加的结果。可以看出，层析水波理论波流耦合模型计算结果和线性叠加结果有明显的差别。需要考虑波流的非线性耦合贡献，单纯线性叠加不能正确描述非线性剪切流中孤立波的速度场。

顺流算例 NS2 的孤立波波峰下水平速度时域模拟结果如图 9-31 所示。

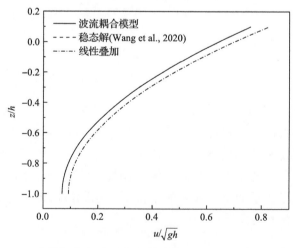

图 9-31　二次剪切流中孤立波波峰下水平速度计算结果(算例 NS2)

图 9-31 给出了无因次波高 $H/h = 0.1$ 时,顺向二次剪切流中孤立波的波速时域模拟计算结果。从图中可以看出,层析水波理论波流耦合模型的时域模拟结果与 Wang 等(2020)的稳态解吻合得很好。图中也给出了无流时孤立波的波峰下水平速度和线性剪切流的流速线性叠加的结果。

9.3.3 不同形式背景流中孤立波的流场对比研究

本小节对比不同形式流中孤立波的时域模拟结果,包括波速、波面。考虑两种流形式:线性剪切流 $u_c = U(1+z/h)$ 和二次剪切流 $u_c = U(1+z/h)^2$。下面的结果分析均针对算例设置的波流条件。

1. 波速分析

首先,考虑不同形式流中孤立波的波速时域模拟结果。波高 $H/h = 0.1$ 时,两种背景流中孤立波的波速如图 9-32 所示。

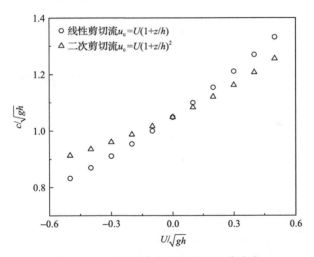

图 9-32 不同形式背景流中孤立波波速

从图 9-32 可以看出,在顺流条件 $U/\sqrt{gh} > 0$ 下,线性剪切流中孤立波的波速大于二次剪切流中孤立波的波速;而在逆流条件下 $U/\sqrt{gh} < 0$ 下,线性剪切流中孤立波的波速则小于二次剪切流中孤立波的波速。另外,随着流场强度的增加,这种波速差距也逐渐扩大。这一观察结果不仅揭示了流场对孤立波波速的影响,还进一步表明了不同剪切流条件下波浪特性的复杂性。

2. 波面分析

下面对比不同形式流中孤立波的波面。线性剪切流的逆流和顺流算例分别为表 9-2 中的算例 LS1 和 LS3，逆流时的流速为 $u_c = -0.6\sqrt{gh}(1+z/h)$，顺流时的流速为 $u_c = 0.6\sqrt{gh}(1+z/h)$。二次剪切流的逆流和顺流算例分别为表 9-3 中的算例 NS1 和 NS2，逆流时的流速为 $u_c = -0.6\sqrt{gh}(1+z/h)^2$，顺流时的流速为 $u_c = 0.6\sqrt{gh}(1+z/h)^2$。算例中的孤立波波高均为 $H/h = 0.1$。

不同形式背景流中孤立波的波面如图 9-33 所示。图 9-33(a) 给出了逆流情况下的时域模拟结果，图 9-33(b) 给出了顺流情况下的时域模拟结果。

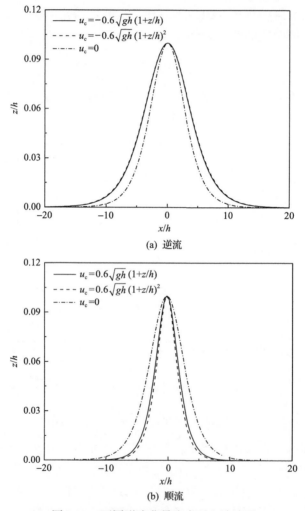

(a) 逆流

(b) 顺流

图 9-33　不同形式背景流中孤立波波面

从图 9-33 中可以看出，背景流条件下孤立波的波面与无流条件下的波面在时域模拟结果上存在显著差异。在本节设置的算例中，逆流条件下，两种背景流下的波面之间的差异较小。而在顺流条件下,线性剪切流 $u_c = 0.6\sqrt{gh}(1+z/h)$ 下的波面比二次剪切流 $u_c = 0.6\sqrt{gh}(1+z/h)^2$ 下的波面略宽。此外,结合图 9-33(a)和图 9-33(b)可以得到与前文相同的结论,即波面宽度的关系为:逆流情况下的宽度 > 无流情况下的宽度 > 顺流情况下的宽度,这进一步验证了该结论的正确性。

本书介绍的层析水波理论波流耦合模型可以对各种形式背景流中的波浪进行准确预报,包括波形、波速、速度场等,书中只介绍了二维波流问题,该模型也可以对三维波流问题进行高效预报。除应用该模型进行波流问题研究外,也可以应用该模型与其他数值模型进行分区耦合,如船舶或海洋平台等浮体附近的小区域采用 CFD 技术进行运动和载荷的求解,其他区域采用本书介绍的波流模型,优势互补,避免 CFD 大范围计算存在的计算量显著增加、数值耗散等问题。

参 考 文 献

程晗怿, 郑金海, 张继生. 2014. 基于 RANS 方法的波流耦合数学模型[J]. 人民黄河, 36(6): 54-57.

丁俊杰. 2019. 考虑波流相互作用的数值水槽及循环水槽消波装置开发研究[D]. 上海: 上海交通大学.

宋永波. 2017. 基于DPIV技术的波浪与剪切流相互作用的试验研究[D]. 大连: 大连理工大学.

吴永胜, 练继建, 张庆河, 等. 2001. 波浪和水流共同作用下水流时均流速分布[J]. 水利学报, (1): 35-41.

姚顺, 马宁, 丁俊杰, 等. 2021a. 不规则波与顺流相互作用的数值模拟与不确定度分析[J]. 上海交通大学学报, 55(3): 337-346.

姚顺, 马宁, 丁俊杰, 等. 2021b. 规则波与流相互作用的数值模拟与不确定度分析[J]. 哈尔滨工程大学学报, 42(2): 172-178.

俞聿修, 柳淑学. 2011. 随机波浪及其工程应用[M]. 大连: 大连理工大学出版社.

赵彬彬, 段文洋. 2011. 基于 GN 模型的孤立波碰撞数值模拟[J]. 哈尔滨工程大学学报, 32(2): 135-140.

赵彬彬, 段文洋. 2014. 层析水波理论——GN 波浪模型[M]. 北京: 清华大学出版社.

赵彬彬, 段文洋, 郑坤. 2020a. 非线性水波层析理论与源码[M]. 北京: 清华大学出版社.

赵彬彬, 段文洋, 王战. 2020b. 非线性内波层析理论与源码[M]. 北京: 清华大学出版社.

邹志利. 2005. 水波理论及其应用[M]. 北京: 科学出版社.

Abbasnia A, Guedes Soares C. 2018. Fully nonlinear propagation of waves in a uniform current using NURBS numerical wave tank[J]. Ocean Engineering, 163(1): 115-125.

Amann D, Kalimeris K. 2017. A numerical continuation approach for computing water waves of large wave height[J]. European Journal of Mechanics—B/Fluids, 67: 314-328.

Brevik I. 1980. Flume experiment on waves and currents II. Smooth bed[J]. Coastal Engineering, 4(2): 89-110.

Chaplin J R. 1979. Developments of stream-function wave theory[J]. Coastal Engineering, 3: 179-205.

Chen H, Zou Q. 2019. Effects of following and opposing vertical current shear on nonlinear wave interactions[J]. Applied Ocean Research, 89: 23-35.

Chen L, Basu B. 2021. Numerical continuation method for large-amplitude steady water waves on depth-varying currents in flows with fixed mean water depth[J]. Applied Ocean Research, 111(5): 102631.

Chen L F, Ning D Z, Teng B, et al. 2017. Numerical and experimental investigation of nonlinear wave-current propagation over a submerged breakwater[J]. Journal of Engineering Mechanics, 143(9): 04017061.

Chen Y L, Hung J B, Hsu S L, et al. 2014. Interaction of water waves and a submerged parabolic obstacle in the presence of a following uniform/shear current using RANS model[J]. Mathematical Problems in Engineering, 2: 1-9.

Chen Y Y, Hsu H C, Hwung H H. 2012. Particle trajectories beneath wave-current interaction in a two-dimensional field[J]. Nonlinear Processes in Geophysics, 19(2): 185-197.

Choi W. 2003. Strongly nonlinear long gravity waves in uniform shear flows[J]. Physical Review E, 68(2): 026305.

Choi W. 2009. Nonlinear surface waves interacting with a linear shear current[J]. Mathematics and Computers in Simulation, 80(1): 29-36.

Dalrymple R A. 1974. A finite amplitude wave on a linear shear current[J]. Journal of Geophysical Research, 79(30): 4498-4504.

Dalrymple R A. 1977. A numerical model for periodic finite amplitude waves on a rotational fluid[J]. Journal of Computational Physics, 24(1): 29-42.

Dalrymple R A, Cox J C. 1976. Symmetric finite-amplitude rotational water waves[J]. Journal of Physical Oceanography, 6(6): 847-852.

Demirbilek Z, Webster W C. 1992. Application of the Green-Naghdi theory of fluid sheets to shallow-water wave problems. Report 1. Model development[R]. Vicksburg: Coastal Engineering Research Center.

Duan W Y, Wang Z, Zhao B B, et al. 2018. Steady solution of solitary wave and linear shear current interaction[J]. Applied Mathematical Modelling, 60: 354-369.

Dutykh D, Clamond D. 2014. Efficient computation of steady solitary gravity waves[J]. Wave Motion, 51(1): 86-99.

Green A E, Naghdi P M. 1976. Directed fluid sheets[J]. Proceedings of the Royal Society A: Mathematical Physical & Engineering Sciences, 34(1651): 447-473.

Guyenne P. 2017. A high-order spectral method for nonlinear water waves in the presence of a linear shear current [J]. Computers & Fluids, 154: 224-235.

Hsu H C, Chen Y Y, Hsu J R C, et al. 2009. Nonlinear water waves on uniform current in Lagrangian coordinates[J]. Journal of Nonlinear Mathematical Physics, 16(1): 47-61.

Kishida N, Sobey R J. 1988. Stokes theory for waves on linear shear current[J]. Journal of Engineering Mechanics, 114(8): 1317-1334.

Ko J, Strauss W. 2008. Effect of vorticity on steady water waves[J]. Journal of Fluid Mechanics, 608: 197-215.

Kumar A, Hayatdavoodi M. 2023a. Effect of currents on nonlinear waves in shallow water[J]. Coastal

Engineering, 181: 104278.

Kumar A, Hayatdavoodi M. 2023b. On wave-current interaction in deep and finite water depths[J]. Journal of Ocean Engineering and Marine Energy, 9: 455-475.

Li M J, Zhao B B, Duan W Y, et al. 2023. The effect of linear shear current on head-on collision of solitons[J]. Physics of Fluids, 35(6): 062121.

Li Y, Ellingsen S Å. 2019. A framework for modelling linear surface waves on shear currents in slowly varying waters[J]. Journal of Geophysical Research Oceans, 124(4): 2527-2545.

Nwogu O G. 2009. Interaction of finite-amplitude waves with vertically sheared current fields[J]. Journal of Fluid Mechanics, 627: 179-213.

Pak O S, Chow K W. 2009. Free surface waves on shear currents with non-uniform vorticity: Third-order solutions[J]. Fluid Dynamic Research, 41(3): 035511.

Rienecker M, Fenton J. 1981. A Fourier approximation for steady water waves[J]. Journal of Fluid Mechanics, 104: 119-137.

Shields J J, Webster W C. 1988. On direct methods in water-wave theory[J]. Journal of Fluid Mechanics, 197(1): 171-199.

Son S Y, Lynett P J. 2014. Interaction of dispersive water waves with weakly sheared currents of arbitrary profile[J]. Coastal Engineering, 90: 64-84.

Steer J N, Borthwick A G L, Stagonas D, et al. 2020. Experimental study of dispersion and modulational instability of surface gravity waves on constant vorticity currents[J]. Journal of Fluid Mechanics, 884: A40.

Swan C. 1990. An experimental study of waves on a strongly sheared current profile[C]. Proceedings of 22nd International Conference on Coastal Engineering: 489-502.

Swan C, Cummins I P, James R L. 2001. An experimental study of two-dimensional surface water waves propagating on depth-varying currents. Part 1. Regular waves[J]. Journal of Fluid Mechanics, 428: 273-304.

Swan C, James R L. 2000. A simple analytical model for surface water waves on a depth-varying current[J]. Applied Ocean Research, 22(6): 331-347.

Teles da Silva A F, Peregrine D H. 1988. Steep, steady surface waves on water of finite depth with constant vorticity[J]. Journal of Fluid Mechanics, 195: 281-302.

Thomas G P. 1981. Wave-current interactions: An experimental and numerical study. Part 1. Linear waves[J]. Journal of Fluid Mechanics, 110: 457-474.

Touboul J, Charland J, Rey V, et al. 2016. Extended mild-slope equation for surface waves interacting with a vertically sheared current[J]. Coastal Engineering, 116: 77-88.

Umeyama M. 2011. Coupled PIV and PTV measurements of particle velocities and trajectories for surface waves following a steady current[J]. Journal of Waterway Port Coastal & Ocean

Engineering, 137(2): 85-94.

Umeyama M. 2018. Dynamic-pressure distributions under Stokes waves with and without a current[J]. Philosophical transactions of the Royal Society A, 376(2111): 20170103.

Vanden-Broeck J M. 1994. Steep solitary waves in water of finite depth with constant vorticity[J]. Journal of Fluid Mechanics, 274: 339-348.

Wang Z, Zhao B B, Duan W Y, et al. 2020. On solitary wave in nonuniform shear currents[J]. Journal of Hydrodynamics, 32(4): 800-805.

Webster W C, Duan W Y, Zhao B B. 2011. Green-Naghdi theory, part A: Green-Naghdi (GN) equations for shallow water waves[J]. Journal of Marine Science and Application, 10(3): 253-258.

Yang Y, Draycott S, Stansby P K, et al. 2023. A numerical flume for waves on variable sheared currents using smoothed particle hydrodynamics (SPH) with open boundaries[J]. Applied Ocean Research, 135: 103527.

Yang Z T, Liu P L F. 2020. Depth-integrated wave-current models. Part 1. Two-dimensional formulation and applications[J]. Journal of Fluid Mechanics, 883: A4.

Yang Z T, Liu P L F. 2022. Depth-integrated wave-current models. Part 2. Current with an arbitrary profile[J]. Journal of Fluid Mechanics, 936: A31.

Zhang J S, Zhang Y, Jeng D S, et al. 2014. Numerical simulation of wave-current interaction using a RANS solver[J]. Ocean Engineering, 75: 157-164.

Zhao B B, Duan W Y. 2010. Fully nonlinear shallow water waves simulation using Green-Naghdi theory[J]. Journal of Marine Science and Application, 9(1): 1-7.

Zhao B B, Duan W Y. 2012. Application of the high level GN theory to shallow-water wave problems[C]. The 27th International Workshop on Water Waves and Floating Bodies.

Zhao B B, Duan W Y, Ertekin R C. 2014a. Application of higher-level GN theory to some wave transformation problems[J]. Coastal Engineering, 83: 177-189.

Zhao B B, Duan W Y, Webster W C. 2011. Tsunami simulation with Green-Naghdi theory[J]. Ocean Engineering, 38(2-3): 389-396.

Zhao B B, Ertekin R C, Duan W Y, et al. 2014b. On the steady solitary-wave solution of the Green-Naghdi equations of different levels[J]. Wave Motion, 51(8): 1382-1395.

Zhao B B, Li M J, Duan W Y, et al. 2023. An effective method for nonlinear wave-current generation and absorption[J]. Coastal Engineering, 185: 104359.

附　　录

1. 定义变量的模块

该子程序用于变量的声明。

```
1.  module input_md
2.  implicit none
3.  integer*4 :: nbottm,ngauge,npai,nL,nx
4.  integer*4 :: nxyb1,nxyb2,nxzb1,nxzb2
5.  integer*4 :: nbs,nmovie,nsnapshot
6.  real*8:: pi,g,Lx,depth,dx,dt,smthfactor
7.  real*8,allocatable,dimension(:) :: xbottm,abottm,gauge,pai,uc0
8.  real*8:: runtime,cdamp
9.  end module
10. !
11. module input_wave_md
12. implicit none
13. integer*4 :: nwave
14. real*8,allocatable,dimension(:) :: wave_a,wave_w,wave_k,wave_ome
15. end module input_wave_md
16. !
17. module main_md
18. implicit none
19. integer*4 :: jt
20. real*8,allocatable,dimension(:) :: mu
21. real*8,allocatable,dimension(:,:) :: beta,betat
22. real*8,allocatable,dimension(:,:,:) :: u,ut
23. end module
24. !
25. module prepare_md
26. implicit none
```

27. integer*4,allocatable,dimension(:) :: igauge,ipai
28. end module
29. !
30. module bottom_md
31. implicit none
32. real*8,allocatable,dimension(:) :: a0,a01x,a02x,a03x
33. end module
34. !
35. module coef_md
36. implicit none
37. integer*4 :: nz
38. real*8 :: bcoef,btcoef
39. real*8,allocatable,dimension(:) :: ucoef,utcoef
40. real*8,allocatable,dimension(:,:) :: uacoef
41. real*8,allocatable,dimension(:,:) :: zi,ua
42. end module
43. !
44. module derivative_md
45. implicit none
46. real*8 :: bt00,bt10
47. real*8,allocatable,dimension(:) :: u00,u10,u20,u30
48. real*8 :: af00,af10,af20,af30
49. end module
50. !
51. module gn_md
52. implicit none
53. real*8 :: bmtl
54. real*8,allocatable,dimension(:) :: y1,y1L
55. real*8,allocatable,dimension(:,:) :: a1,b1,c1,a1L,b1L,c1L
56. end module
57. !
58. module matrixcoef_md
59. implicit none
60. real*8,allocatable,dimension(:,:) :: y

61. real*8,allocatable,dimension (:,:,:) :: a,b,c,d,e
62. end module
63. !
64. module solve_md
65. implicit none
66. real*8,allocatable,dimension (:,:) :: xi,s
67. real*8,allocatable,dimension (:,:,:) :: g,h
68. end module

2. 维度大小设置

该子程序用于定义可变数组的维度。

1. subroutine allocat()   !批量化分配数组大小
2. subroutine allocat()
3. use main_md,only:mu,beta,betat,u,ut
4. use input_md,only: nl,nx
5. use input_wave_md,only: nwave
6. use coef_md,only:ucoef,utcoef,uacoef
7. use derivative_md,only:u00,u10,u20,u30
8. use gn_md,only:y1,y1L,a1,b1,c1,a1L,b1L,c1L
9. use matrixcoef_md,only:a,b,c,d,e,y
10. use solve_md,only:g,h,s,xi
11. implicit none
12. !
13. allocate (beta(-2:nx+3,-2:3), u(-2:nx+3,0:nl-1,-2:2))
14. allocate (betat(-2:nx+3,-2:2), ut(-2:nx+3,0:nl-1,-2:2))
15. allocate (ucoef(0:nl-1),utcoef(0:nl-1),uacoef(0:nl-1,nwave))
16. allocate (mu(-2:nx+3))
17. allocate (u00(0:nl-1),u10(0:nl-1),u20(0:nl-1),u30(0:nl-1))
18. allocate (a1(nl,nl),b1(nl,nl),c1(nl,nl))
19. allocate (y1(nl))
20. allocate (a1L(nl,nl),b1L(nl,nl),c1L(nl,nl))
21. allocate (y1L(nl))
22. allocate (a(nl,nl,nx),b(nl,nl,nx),c(nl,nl,nx),d(nl,nl,nx),e(nl,nl,nx))

23. allocate(y(nl,nx))
24. allocate(g(nl,nl,nx),h(nl,nl,nx))
25. allocate(s(nl,nx))
26. allocate(xi(nl,nx))
27. return
28. end